文春文庫

遺伝子が解く！　男の指のひみつ

「私が、答えます」1

竹内久美子

文藝春秋

遺伝子が解く！　男の指のひみつ　目次

第一章　男についての？

第二章　女についての？

第三章 みんなにとっての？

第四章 家族についての？

遺伝子が解く！　男の指のひみつ

「私が、答えます」1

第一章　男についての？

マスターベーションの意味

私は結婚しています。しかし時々こっそりマスターベーションしています。こんな私は罪深い男でしょうか。（三二歳、男）

たいていの人は男のマスターベーションを「代償行為」と考えているようですね。身近にしかるべき女がいない。そこで仕方なく、いたす、と。

だから、妻というれっきとした女がおりながらなぜオレは……とあなたは悩んでおられるのでしょう。

あっ、もしかしたらあなたは何らかの宗教の熱心な信者で、マスターベーションを背徳の行為とでも……？

でも、どちらも大きな間違いです。

マスターベーションは代償行為などではありません。むろん背徳の行為でもありません。その最も強力な証拠の一つを示してくれるのはアカゲザルです。

今から五〇年以上も前のことですが、アカゲザルの集団を観察していたC・R・カーペンターは面白いことに気づきました。カーペンターは、こうした集団を観察するという方法によるサル学のパイオニアとでも言うべき研究者です。

アカゲザルはニホンザルなどと非常に近いサルで、やはり数十頭からなる集団を作っています。オスもメスも複数、もちろん子どもも複数います。そして基本的に、順位の高いオスほどメスとよく交尾することができます。

その、順位が高く、メスとよく交尾できるはずのオスが、同時に頻繁にマスターベーションするのです。代償行為ならこんなことにはならないでしょう。

同じようにアカシカでもこんな現象が見つかっています。

アカシカの社会は一頭のオスが数頭のメスを従え、ハレムを構えるというものです。ということはオスには、ハレムの主になりえている者とあぶれている者とがあるということになります。

そしてこの場合にも、ハレムの主であり、メスには不自由していないオスが盛んにマスターベーションするのです。

しかしこの、アカシカのマスターベーションなるものなのですが、まったく信じられないような方法によって行なわれます。

オスは草むらなどに頭を埋め、草を払うようにして角を動かしています。そうこうするうちにペニスが勃起し、ついには射精してしまいます。

角でペニスを刺激するのではありません。角を草などでこすっているうちに、興奮し、射精するのです。

実はアカシカの角は性感帯となっていて彼らは大いに感じているのです。こういう遠隔操作によってもマスターベーションは可能というわけです。

シカの角の粉末が強壮剤として売られているのを見たことがあります。もしかしたらそれは、シカたちの秘めたる行為を目撃した人が、

「うむ、シカの精力の秘密はあの角にあるとみたり！」

などと勘違いしたことに始まるのかもしれませんね。

ともあれこのように、オス（男）のマスターベーションとはメス（女）がいないこと、交尾できないことに対する代償行為などではないということがおわかりいただけたでしょう。男本人としては何だか侘しく、代償のような感覚を抱いたとしても、本当の意味は違うところにあるわけです。こういうことは人間も含めた動物の世界にはよくあることです。

ではマスターベーションとはいかなる行為なのでしょう。

この問題について口火を切ったのは、R・L・スミスという昆虫学者です。彼はコオイムシという、受精した卵をオスが背中に背負って育てる昆虫の研究で大変有名な人です。

スミスはこう考えました。

精子には「消費期限」というものがある。だから古くなって期限の切れた精子は捨てなくてはいけない。マスターベーションとはそれを積極的に行なうことなのだ、と。

実際、男が何日も、ＳＥＸもマスターベーションもなく過ごしていると、眠っている間などに自然に漏れ出してしまうことがあるわけです。

この考えを発展させ、実験的にも証明してみせたのが、イギリス、マンチェスター大

［アカシカ］　シカ科　体長165〜250cm
ヨーロッパ、アジアに生息。
※注）草ムラなどで角をこすりつけている時は
そっと見守るようにしましょう。

学のロビン・ベイカーとマーク・ベリスです。彼らは実生活上のカップルに協力してもらい、射精精液やフロウバック（コンドームを使わないSEXの後、女の体から排出される、精液と女の体液の混ざった白い固まり）までも回収するという驚くべき研究を行なっています。その中に含まれる精子の数を数えるということまでしている。

当然、SEXとSEXの間にマスターベーションが行なわれたかどうかも調べています。するとマスターベーションには大変な効能があることがわかった。

マスターベーションをすると、たしかにSEXのときに放出される精子の数は減ります。何しろ既に一回放出しているわけですから。ところがその質が大変にいい。

フロウバックの中に含まれる精子の数を調べると、その数が少ない。つまり女に拒絶されて排出される精子が少ないのです。それは精子の質が良いために、女の体の中によく留まることができたということなのでしょう。たくさん放出すればいいというものではありません。問題はいかに多く女の体に留まるか、です。

男はマスターベーションによって、自らの「軍隊」を少数精鋭部隊に編成し直しているのだと考えられます。

こうしてマスターベーションとは、古い精子を追い出し、発射最前列を新しく生きのいい精子に置き換える作業だと解釈することができます。

アカゲザルやアカシカの、交尾の機会の多いオスほどよくマスターベーションするという現象も、それだけよく交尾のための準備をしているのだと納得することができます。

ベイカーたちによれば、男は（パートナーがいない男ではなく、いる男です）ＳＥＸの後、五～六日たつと半数が、一一日以上空くとほぼ全員がマスターベーションすると言います。ご安心いただけましたか？

Ｑ．私は今、浮気しています。明日、彼女——つまり浮気相手です——に会えると思うと、興奮してついマスターベーションしてしまいます。こんな私はスケベの度が過ぎるのでしょうか？（三〇歳、男）

A! いいえ、ちっとも。あなたはきわめて正常な男性です。

今お答えしたように、マスターベーションとは古い精子を追い出し、発射最前列を新しくて生きのいい精子に置き換える作業です。つまりあなたは明日の浮気に備え、準備万端整えているわけです。

実際、ベイカーたちの調査でも、男は浮気の前日くらいにちゃんと「準備」していることがわかりました。

男の指と生殖器　寄生者による操作

Q　私は男をチェックする際に、どうしてもまず指に目が行ってしまいます。顔やスタイルよりも先に、指です。それにタバコをはさんだ指とか、揃えた指、指の何気ない動きにドキッとしたり、セクシーであると感じたりします。なぜでしょう？　あるいは私は変態なのでしょうか？　（二三歳、女）

A　いったい、何歳くらいの頃からでしょうか。私も男の指、それも私好みの伸びやかで美しい指を見るとゾクッとし、セクシーだと感じるようになりました。

最初はてっきり、自分は変態に違いないと思っていました。

指に惹かれたり、指がセクシーだと感じるなんておかしい。これがいわゆる、「何々フェチ」っていうやつだろうか？　私の場合、「指フェチ」とか……。

しかし後になって知ったことですが、「フェチ」と言うには、もっと激しく変でなくてはいけないのです。この場合ならとにかく指だけが問題で、後の部分はどうでもいい、指そのものとSEXしたい。そう思って初めて「フェチ」と命名できるわけです。靴フェチや足フェチの男は、本当に女物の靴や女の足とSEXします。

けれど、ともかく当時は、変態じゃないかと悩んでいたわけです。人に聞くわけにも

いかない。おまけに私の女の友人はといえば、とにかく女の硬派みたいなのばっかりで、

「ねえ、男の指にゾクッとしたりしない？」

なんて、そんな軟弱なこと、口が裂けても言ったりはしません。

自分は変態ではないかもしれない、と思いはじめたのは、ある男性がスナックのママさんに、

「あら、きれいな指ねえ」

と指を誉められたという話を聞いたあたりからです。

何たる信頼に足る情報！　スナックのママさんといえば男観賞のプロです。私は俄然元気が出てきました。これが大学四年生の頃のこと。私は何でも気づくのに時間がかかります。

それからというもの、です。聞いてみると、世の中には男の指が好きな女の、何とまあ多いこと。しかも各人各様の好みというものがあって、指について語るときの女の熱っぽいことといったら……。

私は長く、伸びやかな指が好きですが、ただ長いというだけではいけない。私の場合、関節の部分が適度に節くれだっていることが評価の分れ目となります。

あまりに節くれだっていると労働の匂いがしてよくない。かといって白魚のように細い、というのも気持ち悪い。ああ、こういうのはいかにも男の指だなと思わせる、そんな指です。たとえて言えば、あの松田優作さんの指なんかがその代表です。

しかしその一方で、いかにも武骨な、大いに節くれだった指がいいという人もいます。

いったいこの、女による好みの違いとは何なんでしょう？

ともあれ、女はなぜそんなにも男の指に関心があるのか。

最初はこう考えました。

指とは体の中でも最も末端の部分です。その末端が発達しているということは、大変重要なことではないのか。

まずすぐに思いつくのは、栄養の問題です。

成長期に栄養が十分でない場合、末端などというどうでもいいような部分は真っ先に切り捨てられる。大事なのは内臓など。それらを発達させた後、余力で腕や脚を発達させることになる。だから腕や脚、しかもその最末端である指が発達しているということは、栄養が十二分に満ち足りていることを意味するのではないのか……。

実際、戦前生まれの人と戦後生まれの人とでは、腕や脚、そして指のプロポーションにはっきりとした差があり、もちろん後者の方が末端が発達しています。そして皆さんご承知の通り、その傾向は最近でも続いています。

しかしこの、栄養という観点だけでは少し物足りないような気がします。栄養の問題とも実は一部で重なっているのですが、私は次にこんな考え方をするようになりました。説明は少々長くなります。

動物行動学の分野には、ちょっと聞いた限りではキツネにつままれたような、冗談のような、そんなのウソだろう、と思われるような理論がよく登場します。これから紹介する「寄生者（パラサイト）による宿主の操作」という考えも、そんなウソみたいな話の一つです。

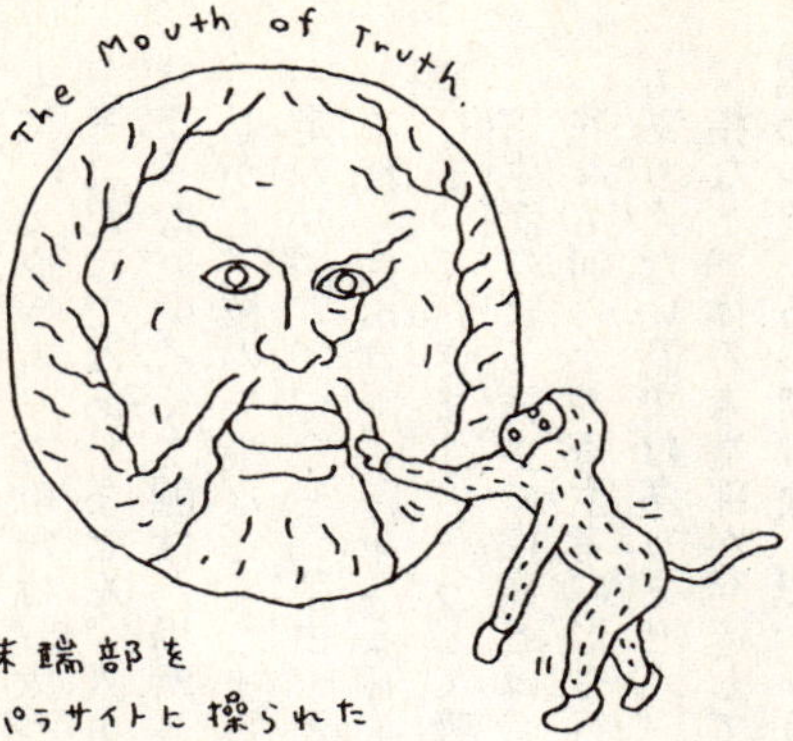

図）※末端部を
パラサイトに操られた
危険な状態のサル

「寄生者（パラサイト）による宿主の操作」。その一番有名な例は、ある種のカタツムリに寄生する吸虫です。ちなみに寄生者（パラサイト）とは、細菌、ウイルス、寄生虫など、自分自身では生きていくことができず、他者に寄生して生きて行こうとする生物のことです。

　この、カタツムリに寄生する吸虫が凄い！

　吸虫は元々鳥の腸の中に棲んでいます。しかし、鳥が糞をしたときに、糞にまみれながらまず鳥から脱出します。そして次なる宿主であるカタツムリへの寄生をはかるわけですが、これはわりと簡単です。カタツムリのエサに紛れて侵入すればいいわけですから。吸虫は、やがてカタツムリの体内で繁殖します。

　さて問題は、その次の段階です。もう一度鳥の体内へと戻らなければならないわけですが、どうしたらいいものか……。鳥がエサとしているのは昆虫の幼虫、つまり芋虫などです。芋虫のそばにいれば、一緒に食べてくれるでしょうか？

ところが、です。この吸虫が〝考えた〟方法とは、こんな仰天の発想でした。

まずカタツムリの体内を移動し、触角の部分へと到達します。触角の中にその太った、フットボール状の体を無理にねじこむわけです。おまけに吸虫の体には横縞模様がついており、それはカタツムリの触角の薄い皮を通しても見ることができます。つまりこうして、カタツムリの触角は、太った芋虫のごとき形状に変えられるわけです。

それだけではありません。吸虫はカタツムリの行動をも操ります。本来なら彼らが嫌うような、明るくて開けた場所へと向かわせます。

しかも、枝の先端などにとまらせ、おいで、ここだよ、ここだよと言わんばかりに、一定のリズムで、今や「芋虫」と化した触角を揺り動かさせるのです。

これを鳥が見逃すはずはありません。彼らは急降下した後、「芋虫」を食いちぎり、運び去って行きます。こうして吸虫は見事、鳥への回帰を果たします。

寄生者（パラサイト）による宿主の操作とは、かくの如き鮮やかなものなのです。

我々も何らかの寄生者（パラサイト）に形や行動を操作されていたとしても……。いや、それは少しもありえない話ではありません。

指など、体の末端部が発達しているかどうかも、この寄生者（パラサイト）による操作という現象が関わっているのではないでしょうか。これが私が指について栄養の問題の次に考えたアイディアなのです。

男の指と生殖器　Ｈｏｘ遺伝子の登場

私は男をチェックする際にまず指を見てしまいます。指がセクシーだとさえ感じます。私は変態でしょうか。（二三歳、女）

というご質問の続きです。

寄生者（パラサイト）が宿主の行動や形を操作する――。

そこで我々がほんの数十年前まで飼っていた寄生虫を考えてみて下さい。

そう、回虫、ぎょう虫、サナダ虫のような腸に寄生する寄生虫です。

彼らが我々の体を、自分たちに都合の良いように操るとして、はたしてどんな操作に及ぶでしょうか。

それが胴長。そして腕や脚、指などの末端部が短い、ということだと思うのです。

何しろ彼らが棲んでいるのは腸。棲み場所を確保するために胴を伸ばすのです。そして腕や脚、指などという末端部のことなんてどうでもいい。

それにそもそも、寄生虫は栄養を横取りしますから、そういう意味でも末端部の伸びは疎（おろそ）かになるでしょう。実際、そういった寄生虫がいなくなった戦後世代では、胴長が大分解消、腕や脚、指などの末端部が発達してきているわけです。

ということは、です。

末端が発達していることは、そういう寄生虫を飼ったことがないこと、それらに対する抵抗力、免疫力があるのだということを本来示すのではないか、と考えられるのです。

だからこそ女は男の指の長さ、美しさに惹かれる性質を持っている——。

寄生者（パラサイト）がどうしてそんなに大事か、大問題か、とお感じになるかもしれませんが、これが今や問題も問題。生物にとっての最大の課題は、寄生者（パラサイト）対策にある、と断言してもいいくらいの状況なのです。

指の伸びや美しさが寄生者（パラサイト）に対する抵抗力を示している——。

私はこの考えは決して的はずれなものだとは思っていません。単なる栄養の問題という説明よりも数段上をいっています。

しかし……、これでは男の指。あの指が放つ何とも言えぬセクシーな魅力について、まだ一向に説明されぬままではありませんか。

困りました、大いに困りました。困った状態は数年間続きました。ところがそこへ救世主が現れたのです。

Ｈｏｘ（ホックス）遺伝子——。

それは、女が伸びやかで美しい男の指を愛（め）で、あれやこれやと品定めすることはもちろんのこと、指がなぜセクシーな魅力を放つのか、という肝心な点を力強く説明します。

Ｈｏｘ遺伝子とは、今、発生学の分野で最も話題沸騰しているテーマです。

発生学とは、我々動物が一つの受精卵に始まり、卵割が起きて次第次第に動物として

※ピノキオに見る、Hox遺伝子の働き。

の形を成していく、その過程を扱う学問です。Hox遺伝子はその形作りの過程で、工事の現場監督のように指示を出すという重要な役割を担っています。となれば、発生学の分野で注目されないわけがないのです。

Hox遺伝子についての研究が進んだのは、ここ二〇〜三〇年のことです。初めはショウジョウバエで、次にマウスで盛んに研究されました。そうしてわかったのは、こんな驚愕の事実です。

Hox遺伝子にはいくつもの種類があるのですが、それらは染色体上のある領域に、ずらずらっと並んで存在しています。その並んでいる順序と、その遺伝子が形作りを担当している体の部分とがほぼ順番に対応しているのです。これがまず一点。

さらに、こういうことがわかりました。

順番に並んでいるHox遺伝子は、まず体の本体、要するに胴体を担当しています。頭に近い方から胴体の端、つまり生殖器や泌尿器へとそれぞれ順番に担当領域を持っています。しかし、この同じHｏx遺伝子たちが、他方で腕や脚をも担当しているのです。つまり同じ順序で、腕の付け根から手の末端、すなわち手の指へと、脚の付け根から足の末端、すなわち足の指へと、それぞれ担当領域を持っているわけです。

ということは、です。

体本体の末端である生殖器や泌尿器と、腕や脚の末端である指とは、実は共通のHｏx遺伝子によって作られているのです！　最後部に位置するHｏx遺伝子によって。指と生殖器という一見何の関係もないような二つの箇所が、Hｏx遺伝子というキーワードによってつながる……。

工事の現場監督が同じ「人物」なのですから、当然、工事の出来映えも似たようなものになるでしょう。我々が指を見て（特に男の指を見て）、あれこれ品定めしたりするのは、実は生殖器や泌尿器の品定めをしていることを意味するのです。

指がセクシーな魅力を放つのは、こういう事情が背景にあるからに他なりません。

もちろん、Hｏx遺伝子について、ここまで詳しいことが人間でわかっているわけではありません。今お話ししたのは、マウスなどでわかったことを元に議論したものです。ただ、人間では、HFGシンドロームという症状がいくつかの家系で見つかっています。HはhandFはfoot、Gはgenital（生殖器）の意です。

HFGシンドロームの家系では、男の場合、勃起したペニスが上を向かず、下を向く、尿道下裂などの症状があり、女の場合、子宮が二つあったり、子宮と膣をつなぐ子宮頸部、それに膣の奥の方が二つに分かれていたりします。

そして同時に彼らには、手や足の指に異常が現れています。指が湾曲していたり、太く、短かったりします。足首が大変太いこともあります。生殖器と同時に指に異常が現れるわけです。

そして最近、最初にＨＦＧシンドロームが見つかった家系で遺伝子について調べられました。

するとやはり、でした。順番に並んでいるＨｏｘ遺伝子の、一番最後のものに突然変異が起きていたのです。

映画などに登場する、指と指とが絡まるシーンなんていうのは、考えてもみれば、艶かしいの極致。まるで指でＳＥＸしているみたいです。西洋人にとっては足の指を人に見せるのは、パンツを穿かないくらいに恥ずかしいことだそうです。

我々は、指が持つ隠された意味に、とうの昔に気づいているようでもあります。

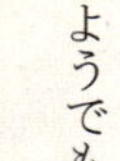

男の指と生殖器　精子戦争に勝つ男

胎児のとき、指と生殖器とが同じ遺伝子の指示のもとに出来てくるということですが、男の指を見ると生殖器の出来映えの他に何か、行動とか性格とかわかりますか。（二五歳、女）

思えば指とは、体の中でも特に強烈なメッセージを放っています。少しでもそれを意識するとしたら……。

ああ、恥ずかしい。私は手袋なしで生活することはできないでしょう。

何しろ指は、生殖器がいかによく出来ているか、という生殖についての能力を示す場所なのですから。

そこで私は、全女性必読の耳寄りな情報をお届けしましょう。これを読めば、彼の今後の行ないがずばり占えます。

一つ目は、指の長さが左右で違わない男——そういう男ほど精子の数が多く、そして泳ぐ速さなど、精子の質もいいということです。

イギリス、リヴァプール大学のJ・T・マニングは、病院の不妊外来で検査を受けたことのある五三人の男性の精液を調べ、同時に彼らの左右の指の長さを測りました。

指の長さは普通、誰でも左右で一〜二ミリ、たまに三ミリ以上違います。ところが中には一ミリ以下というくらいにしか違わない男がおり、そういう男が同時に、精子の数が非常に多く、泳ぐ速さも速く、重力に逆らって泳ぐ能力も優れている、という傾向にあったのです。

この、左右で違わない、つまりシンメトリーという現象ですが、最近の動物行動学の最大のテーマと言っていいくらいの大問題です。詳しい説明は別の機会に譲りますが、とにかく左右で違わないということは、体の出来が非常にいいという現れ。きちんと出来上がっているという証です。

しかも指がきちんと出来上がっているということは、それと秘められた関係にある生殖器も、きちんと出来ていることを意味します。

生殖器がよく出来ていれば、そこから生み出される製品であるところの精子。その数も多く、出来もいいということになるわけです。

で、問題は、です。

彼の指の特徴から彼の今後の行ないを占うとしたら、です。そういうふうに指がシンメトリーで、精子の数が多く、質もいいという男が、行動の面においてはどうだろうか、と考えなければなりません。ここがポイントです。

精子の数が多く、質もいい、とはどういうことでしょう。

もちろんそれは、卵をよく受精させられるということです。

しかしここで、よーく考えてみてください。

単に卵を受精させるためだけなら、精子はそんなにも多くて優秀である必要があるでしょうか。卵へ到達して、ちゃんと受精させられれば十分。特別多くて優秀でなくとも事足りるのではないでしょうか。事実、指が特別シンメトリーでもなければ、精子もさして多くもなく、優秀でもない、大多数の男が卵を受精させる能力を十分持っているのです。

精子が多くて優秀でなければならないとしたら、理由は一つ。それは、卵の受精をめぐる複数のオス（男）の精子どうしの争い、つまり精子競争に勝利するためなのです。この精子どうしの争いとは、単なる受精の競争のうえに、頭突きや尻尾を絡ませての戦い、はたまた酵素を放っての化学戦のような実戦も含まれていることがわかっています。このとき精子には、受精係、戦争係、という役割分担があるのですが、一回に放出される精子数億のうち、受精係はたった数百万。あとは戦争係、つまり他の男の精子と戦うための〝兵士〟です。精子とは、実のところそのほとんどが〝兵士〟だったのです。

そういうわけで、実生活上のカップルから精液を回収するなどの凄まじい研究を行なった、あのロビン・ベイカー。彼などは、卵をめぐるオス（男）どうしの争いを、精子競争と言わず、「精子戦争」と呼んでいるくらいです。

指がシンメトリーで、精子の数が多く、質もいい男。それは、実は「精子戦争」をし、勝利する。そのために多くの優れた〝兵隊〟を持っている男なのです。

彼は間違いなく、「精子戦争」を実行するつもりでいます！

「精子戦争」は、浮気、乱交パーティー、スワッピング、レイプ、売春など様々な性の

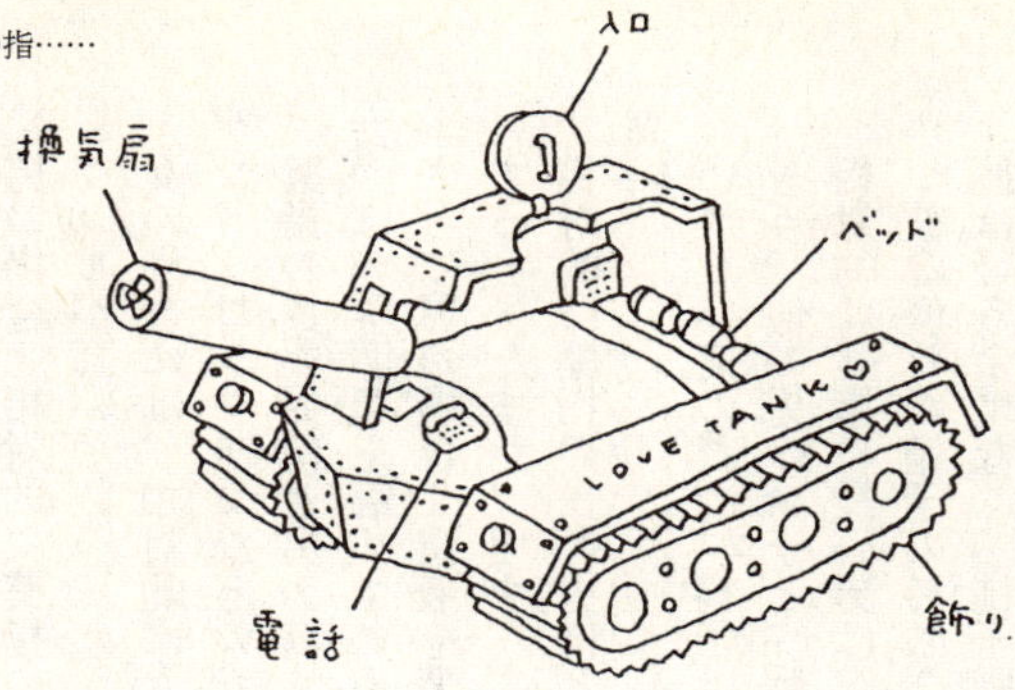

図）第3次精子戦争を想定した新型ラブホテル。（3人用）
ベビーブーム

局面で発生します。普通の人なら、「浮気」が最も起こりうるパターンでしょう。

そういうわけで指のシンメトリーな男を彼に持った皆さん。彼の浮気に気をつけて下さい。指の長さの違いが左右で一ミリ以内という男には、特に注意！

指の特徴とその男の能力——。

二つ目は……、いえ、その前にあなたの人差指と薬指の長さをてのひら側の付け根の所から測って比べてみて下さい。

どうでしょう？　どちらが長いでしょうか。

マニングらがリヴァプールの住民八〇〇人を対象に調査を行なったところ、驚くべき事実が判明しました。

男の場合、人差指よりも薬指の方が少し長い傾向があり、薬指に対する人差指の比の平均は、〇・九八です（これはあくまで平均で、中には人差指の方が長い男もいます）。

女の場合には、薬指に対する人差指の比は、平均で一・〇〇。つまりほぼ同じ長さです（これもあくまで平均）。

そして——。

男の場合、相対的に薬指の長い男ほど、男性ホルモンの一種であるテストステロンのレヴェルが高い。

女の場合には、相対的に人差指の長い女ほど、黄体形成ホルモン（LH）、エストロゲン、プロラクチンなどの女性ホルモンのレヴェルが高い、という傾向があるのです。薬指の長い男ほど男っぽく、攻撃的、そしておそらくはスケベ。人差指の長い女ほど女っぽい雰囲気を湛（たた）えているだろう、と想像されるわけです。

さらに男の場合、精液を調べる。

するとまたまた、です。相対的に薬指の長い男ほど、精子の数が多く、泳ぐ速さ、重力に逆らって泳ぐ能力も高い。

いったい何のために精子は優れている必要があるのか？

そう、他の男の精子と「戦争」をするため。相対的に薬指の長い男は、テストステロンのレヴェルが高く、攻撃的でスケベ。なおかつ彼は優れた精子の持ち主です。

彼は疑う余地なく「精子戦争」を企んでいる！

まっすぐなペニス！

？ 昔から疑問に思っていたことがあります。男性の性器には、まっすぐなのと曲がっているのがありますが、どちらが普通なのでしょうか。細かいことは恥ずかしくて書けません。でも、絶対知りたいのです。（三九歳、女）

A！ まっすぐなペニス！　本当ですか、そんなペニスがあるのですか？　そもそもペニスは女の生殖器である膣（ゆるやかにカーブしている）にフィットするように出来ているはずで、日本刀のように反っているのが普通だと思うのですが……。

あっ、それとも、あなたのおっしゃるのはこういうことでしょうか。左右に曲がっているか、まっすぐか……。ああ、わかりません。恥ずかしがらず、もうちょっと具体的に書いて欲しかった。

それにしても人間の男のペニス……。なぜあんなにも大きく、そのうえああいう不思議な形をしているのでしょう？

動物行動学の分野では、当然のことながら様々な議論がなされています。この件について紹介しましょう。

でも、その前に、そもそも人間の男のペニスが、ゴリラよりもチンパンジーよりも、大きい。それどころか、全霊長類中最大だということを、皆さんご存じでしょうか。体が大きいのならペニスもさぞかし、ということでゴリラには巨根伝説があります。しかし彼らのそれは、長さわずか三センチ（しかも膨張時。以下の数値もすべて膨張時のもの）。

チンパンジーはやや長くて八センチです。

そして人間はというと、こんな詳しいデータがあります。

それはペニスサイズについての初めての報告なのですが、人種ごとに測ったこと、長さのみならず、幅についても計測したことが今から見ても優れています。とはいえ、この研究をした人は、一九世紀のフランスの軍医というところまでしかわからない。名は伏せられています。当時としてはあまりにセンセーショナルだったからでしょう。

【人種ごとのペニスサイズ】単位　センチメートル

	長さ	幅
ニグロイド	一五・九〜二〇・三	五・一
コーカソイド	一四・〇〜一五・二	三・八
モンゴロイド	一〇・二〜一四・〇	三・二

（『ジャーナル・オブ・リサーチ・イン・パーソナリティ』二一巻、五二九〜五五一ページ、一九八七年より。インチをセンチに換算。この論文の著者が某軍医氏のデータを引用している）

いかがですか？　……？？

人間のペニスはなぜ大きくなったのか。古典的な説をまずいくつか紹介しましょう。

大きなペニスほど女に快感を与える。だから大きくなった。

これは、かのデズモンド・モリスの説です。モリスの発想の常として、非常に楽観的な、女は男によって満足を得る、女は男のよさが忘れられない式の考えです。

でも、モリスさん。女が快感を感じるのは、クリトリスと膣の入り口付近で、膣全体ではないのですよ。大きいペニスは痛いだけだと思うのですが……。

次は、これ。

長いペニスは様々な体位を可能にする。女は喜ぶ。よってペニスは長くなる方向へと進化したのだ。

いや、まあ、どうお考えになっても結構ですが……。

さらに、こういうものも。

大きいペニスは他の男を威嚇する。女のガードに役立つ。よって大きいペニスが進化したのだ――。

別に、大きいペニスが威嚇に役立たないとは言いませんが、それにしてもねえ……。

大きいペニスは女を惹きつける。だから大きなペニスが進化した――。

チンパンジーでは確かに、求愛の手始めとしてオスがメスに、勃起したペニスを見せびらかします。そのとき、大きなペニスは魅力になるでしょう。しかし人間の女が男のペニスに、しかも大きなペニスに関心があるかというと……？

以上の仮説はだいたい一九六〇年代に提出されました。先人の考えを軽んずるつもりはありませんが、残念ながら今日の観点からすると、どれもこれも的はずれ。その程度のことでペニスサイズが大きくなったりはしないよ、というものなのです。

説得力のある仮説が登場するのは、八〇年代に入ってからです。一九八四年、R・L・スミスという昆虫学者が……いや、昆虫学者と言っても、コオイムシという、オスが背中に卵を負って育てる昆虫の研究で有名な人で、オス、メス、男女の関係に精通しています。

スミスはこう考えます。

長いペニスほど、精子をぴゅっと膣の奥の方まで飛ばすことができる。他の男との精子競争に勝って自分の遺伝子をよく残すことができる。よってペニスはだんだん長くなる方向へと進化したのだ。

精子競争とは、卵をめぐり複数のオス（男）の精子が争うことです。

なるほど、大変な前進です。これならペニスは大いに長くなる方向へと進化するでしょう。

しかし……。

そうです。これでは、なぜ長くなったかについてはOKでも、太くなったことについては全然説明されないのです。

そこでまた登場、ロビン・ベイカーとマーク・ベリスです。一九九五年に発表さ

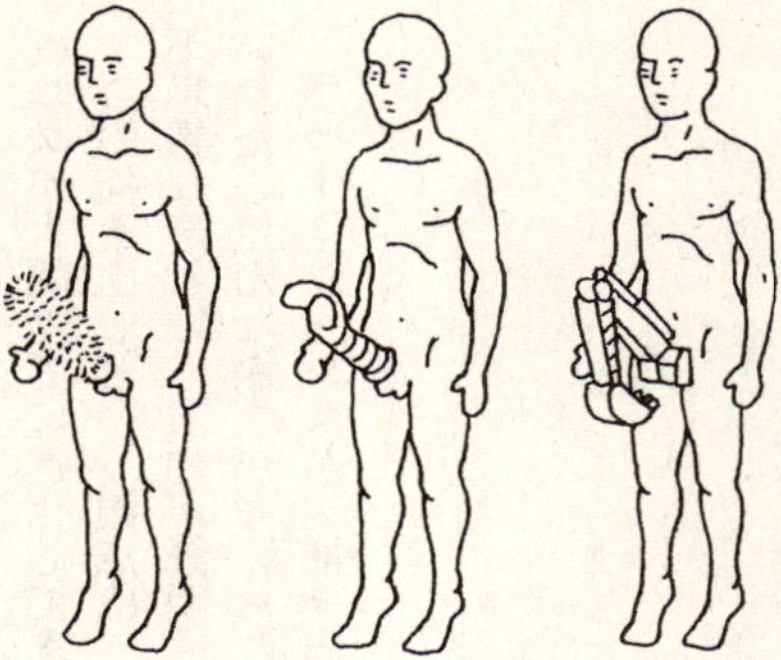

図1 ペニスがまっすぐな男性のための新型コンドーム構想。

れた彼らの仮説は「サクション・ピストン仮説」と言います。サクションとは吸引。ピストンは、もちろんあのピストンです。

そもそも、人間の男はなぜ射精に先立ち、何十回、何百回とバッコン、バッコンとスラストしなければならないのでしょう。

それくらいしないと、射精できるほどに快感が高まらないから。

いいえ、違います。反対です！　それくらいやってちょうど絶頂に達するよう、感覚の方が調節されているのです。実際、チンパンジーなどはたった七秒で射精し、スラストもまさに〝三回半〟なのです。射精のためには本来、そう何回もスラストする必要はないのです。

では、何のために何十回、何百回とスラストするのか？

それが、掻き出し。〝ピストン〟による吸引。

つまり男は、自分の射精の前にまず、前回彼女と〝交尾〟した男（自分のこともある）の精子を掻き出す。しかる後、自分の精子を送り込もうとしている——そう彼らは考えるのです。

よく掻き出せる男ほど、自分の精子で卵を受精させることができるでしょう。すなわち自分の遺伝子をよく残すことができる。よって掻き出しと吸引に適した、長く、太いペニスが人間の男に進化してきたというわけなのです。

この掻き出しという観点は、実に実に画期的です。これによって初めてペニスのあの不思議な形というものが説明されるのです。先端の〝返し〟に、掻き出すこと以外の、いったいどんな働きが考えられましょうや！

まっすぐなペニスが「掻き出し」に適していないことは確かです。

射精と養生

？　貝原益軒の『養生訓』にある「接して漏らさず」とはどういうことですか。又そのことがどうして「人口に膾炙している（広く知られ、話題になっている）」と云ふのか。そのことについて教へて下さい。お願ひします。（残念ながら年齢不明、男）

Ａ！　以前、『ＢＣ！な話』（新潮文庫）という全編Ｈな話からなる本を書きました。原稿を読んだ担当編集者（男）の第一声がこれ。

「『接して漏らさず』というけれど、あれはいったいどういうことですか？」

「どういうことか」とは、現代の性知識からしてどう解釈できるか、という意味です。当時彼は三〇代。『養生訓』の世界にはまだ随分と時間があるはずですが、もうこんな心配をしていたのです。

ともかく私はこう答えました。

中高年になると、体力が衰えてくる。もし射精してしまうと放出された精子を補うべく、また精子をつくることになるが、そのためのエネルギーはバカにならない。結局それが元で病気になったり、死んでしまうかもしれない。だから「接して漏らさず」ではないのか……。

実際、ちょっと極端ですが、私はこんな例を知っています。

蓮如。浄土真宗中興の祖である、あの蓮如上人（一四一五〜一四九九）です。

蓮如が生涯に五度結婚し、計二七人もの子を得たということをご存じでしょうか。結婚、離婚を繰り返したのではなく、最後の妻以外とはすべて死別しているのです。で、問題は五人目の妻、蓮能との結婚生活。蓮如は齢八〇を越えてなお、充実した生活を送っています。

『蓮如』（笠原一男著、吉川弘文館）の略年譜によると、一四九七年、八三歳のとき、「四月初旬、老衰甚しく、慶道医師診察す」とある。ところがその年のプライベートな出来事として最後に「第二六子妙宗（生母蓮能）生まる」。

翌年、八四歳のときも同じ。

「（四月）一七日、医師半井診察す」、「一九日、医師板坂診察す」。最後に、「第二七子実従（生母蓮能）生まる」。

しかしその翌年、八五歳のときには、「三月九日、老衰甚し。医師集まる」…（中略）…「一八日…脈平常にもどる」、「二三日、脈断絶し勝ちとなる」、「二五日、正午死す」。

こうしてみると、八〇を過ぎた蓮如の、二度にわたる生命の危機とは……もしかするとそれは、その数カ月を遡った時点での行為によってもたらされたのではないか、と想像したくなってしまうのです。そのあまりの疲労のために。最後の危機についても、子こそ生まれなかったものの、トライはしているかもしれません。

ともかくこのように老人にとって「漏らす」ことは、大変危険なこと。その多大なエネルギーの消費によって、ときには死さえも招く行為なのです。貝原益軒の教えは非常に確かであると思われます。

ところが、実を言うとこの時点で私が、『養生訓』自体に当たっているかと言えばそうではない。世間で言われている「接して漏らさず」というフレーズに、私なりの解釈を与えただけです。ここは一つ、原典に当たってみなければなりません。

岩波文庫『養生訓・和俗童子訓』（石川謙校訂）、その現代語訳である、中公文庫『養生訓』（松田道雄訳）、解説書『養生訓に学ぶ』（立川昭二著、ＰＨＰ新書）などをひもといてみましょう。

ちなみに貝原益軒の「益軒」とは言うまでもなく号ですが、それ以前の彼は「損軒」と号していました。なぜ「損」が「益」に変わったのか？

貝原益軒（本名、篤信）は寛永七年（一六三〇）、筑前、黒田家の下級武士の家に生まれます。しかし、まもなく父親が浪人の身に。成人した本人もなかなか就職の道が見つからず苦労を重ねますが、二七歳のときようやく仕官が叶います。以後は儒学者、本草学者（博物学者）として充実した人生を送り、正徳四年（一七一四）、数え年八五で没。『養生訓』（一七一三年刊）を始めとする数々の著作を著わしたのは、八〇を過ぎてからというから驚きです。

さて問題の箇所ですが……、どういうわけでしょう。いくら探しても「接して漏らさず」のフレーズが見つかりません。あるのは、「精をとぢてもらさず」。しかもそれは、孫思邈（しばく）という唐の時代の名医の『千金方（せんきんほう）』という本からの引用文の中に登場するのです。引用の引用になりますが、その部分を引用してみましょう。

人、生二十（の）者は四日に一たび泄（もら）す。三十（の）者は八日に一たび泄す。四十（の）者は十六日に一〔たび〕泄す。五十（の）者（は）二十日に一〔たび〕泄す。六十者（は）精をとぢてもらさず。もし体力さかんならば、一月に一たび泄す。気力すぐれて盛なる人、慾念をおさへ、こらへて、久しく泄さざれば、腫物を生ず。六十を過て、慾念おこらずば、とぢてもらすべからず。わかくさかんなる人も、もしよく忍んで、一月に二度もらして、慾念おこらずば、長生なるべし（同書、岩波文庫より）

「泄す」とはむろん射精のこと。『千金方』はこのような年代別射精頻度というものを提唱しているわけです。

さらにこの引用の後で益軒は、中年になってからの精気をもらさない（射精しない）交わりは、性欲が満たされるうえに（本当でしょうか？）、疲労せず、血流がよくなって大変いい、ということを述べています（「接して漏らさず」はこの件が簡略化されて広まったのかも）。

ともあれ――中高年になったら疲労を避けること、そのためにあまり「もらす」べきではないというわけで、この点は私の考えと同じ。まずはよかったと言うべきですが

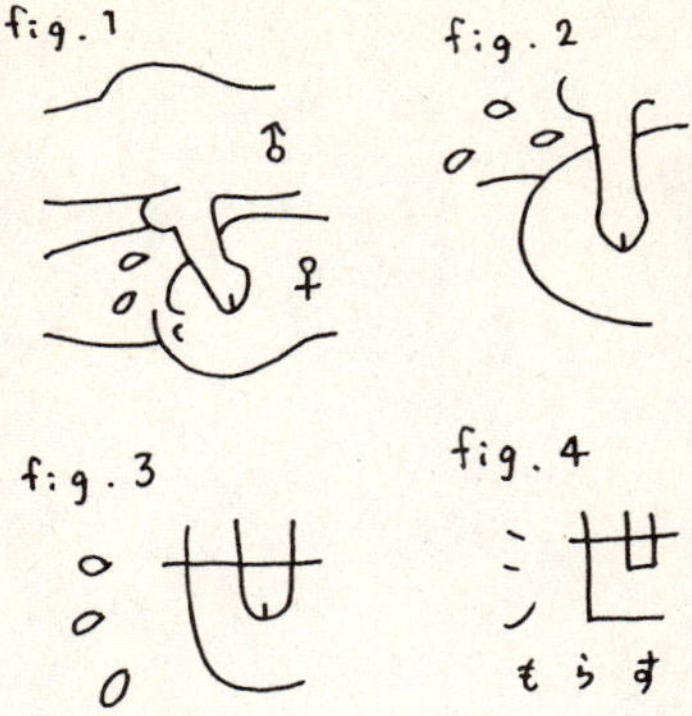

※象形文字の成り立ち。

……。

この「もらさず」という考え、実は『養生訓』の全編を貫く、人は天から授かった精気をみだりに使うべきではない、いとおしんで大切に使うようにという思想から出てくるものなのです。だから彼は、中年以降の人々はもちろんのこと、若者に対しても、なるべく「もらさない」ようにと勧めている。そして人生の楽しみは老いてからにあるので、そのために若いうちから養生して長生きしよう、とも。

でも、どうでしょう。若者の場合は……。

若者は少々「もらした」ところで、健康面にはあまり問題はないはずです（多少は疲れるでしょうが）。いや、それどころか動物行動学の考えによれば、若者はしょっちゅう「もらさ」なければいけないのです。

「もらす」ことで、発射最前線を常に新しく生きのいい精子に置き換えておく。そうして受精のチャンスを逃さぬようにしておこうというわけです。これは動物としてとても大切なこと。
養生して長生きするか、動物としての生き方を貫くか……。

勉強が好きな男はモテない？

？　高校二年の男です。兄と姉がいます。同じ兄、姉なのにどうして僕だけ勉強が好きになれないのでしょうか？　姉はいつも机で勉強して良い大学へ行きましたが、僕はいつもテレビゲームをやっています。どうして勉強が好きになれないのか教えてください。（一七歳、男）

！　勉強が好きだなんておかしい、勉強が好きだという人間は普通じゃない、と私はかねがね思っているのです。

そんなことを言う、当のあなたが勉強が好きな人なんじゃないですか、と言われそうですが、まあ、聞いて下さい。

まず、私の立場をはっきりさせましょう。

私はいわゆるお勉強、「とにかくこうなんですよ」と教えられ、「はいそうですか」と受け入れ、覚えるという勉強は大嫌いです。ただ、「なぜ○○なのか」と理屈を考える勉強が好きなのです。

たしか、小学校五年生くらいまでだったと思います。私は、それまで授業をまともに聞いたことが一度もなかった。

たとえば漢字にしても、先生はまず書き順から始める。こういう書き順で書きなさい、と一画ずつ黒板に大書。次に、読みはこうで、この漢字を使ったこういう言葉があって、という具合。そして何と、正しい書き順を試すテストとか、いかにお手本どおりに書けるかという書き方の授業まであるのです。

私は、ただこうなんだ、覚えろ、と強いる先生に目茶苦茶腹が立ったし、そもそもそんな授業に興味はない。いつしか授業は無視するという習慣がついてしまったのです。

じゃ、どうして五年生のときに急に開眼したのか。実はこの頃、やっと理屈らしきものが授業に登場したのです。

それは社会科の、歴史の授業でした。あるとき先生が、

「これこれこういうことがあったので、次にこういう事件が起きたんだよ」

と説明したような気がしたのです。

えっ、今何て言ったの？

たぶんその大分前から授業に理屈が登場するようになっていたのでしょう。でも、ともかくそのとき初めて私は理屈を教える授業に出会った。こうしてようやく五年近い〝冬眠〟から目覚めることができたのです。

こんなことを長々しゃべると、

「ただ受け入れて覚えるだけの、いわゆるお勉強を好きだというのはおかしい。しかし、なぜそうなのか、と理屈を考える、本当の意味での勉強を好きなのはおかしくない」

と私が言おうとしている、とお思いでしょう。

違います！

いわゆるお勉強が好き、というのがおかしいことはもちろんですが、私のように、物事に疑問を持って勉強する、あるいは旺盛な知的好奇心のゆえに勉強する、というのも同じくらいおかしいと思うのです。とにかく、勉強が好きだ、などということは人間として極めてヘンなのです。

そもそも人間本来の営み、動物としての人間にとって、最も大切なこととは何でしょう。

繁殖……。

繁殖の場でいかに成功するか。それが人間本来の（特に男にとっての）最大の課題なのです。勉強なんかじゃありません。

いやいや、それは違うよ。男が、高い学歴をつけて社会的に成功する。そうすれば収入も多い。当然、女にモテて繁殖面でも成功。だから男にとって勉強が好きなことは大切だ、とお考えの方もあるでしょう。

でもそれは大変な勘違い。社会的地位とか収入の問題は、当の男が思っているほど女の心を動かさない。繁殖の場での成功を約束したりはしないのです。

では、繁殖の場で最も成功しそうな男、女が一番心惹かれる男とは、いったいどんな男なのか？

それが、不良！　あるいは不良っぽい男、ルックスはいいかもしれないが、だらしない遊び人であるとか、ちょっとしたワルという、一見何の価値もないような男たちなのです。間違っても勉強の好きな男ではありません。

「ビバリーヒルズ青春白書」というアメリカのテレビドラマをご存じでしょうか？　BS2とNHK総合で十年間にわたる放送を終えた超人気番組です。このドラマに、ディランという人物が登場します。

この男、学校はドロップアウトするし、ドラッグに何度も走る、酒場ではちょっとしたことにすぐカッとなり、ケンカ、バイクや車を乱暴に乗り回し、趣味はサーフィン、未だかつて職についたことがない、という見事なまでの不良で遊び人なのです。

では、誰か女のヒモになって暮らしているのかといえば、さにあらず。何せビバリーヒルズ！　彼の家も当然大金持ち。シリーズ終盤の彼は、父親の遺産を受け継いでホテル暮らし。匿名で施設に寄付したりします。

リッチな点は普通のケースとは違うけれど、この不良で遊び人の彼が、モテること、モテること。登場する女の大半とベッドイン、最低でもいちゃつく程度のことはしています。

確かに、その理由はよくわかります（もちろん役の上での彼についてですが）。まず彼は、顔の引き締まり方や各パーツの配置、そして何と言おうか、顔の切れ味のようなものが他の男とは全然違う。さらに、背はあまり高くないものの、体全体のバランスが非常にいいのです。

ルックスだけではありません。女の扱いに慣れており、抱き締め方やキスの仕方がうまい。椅子に腰掛けている女の背後に回り、肩や髪に軽く触れたり、などという動作の

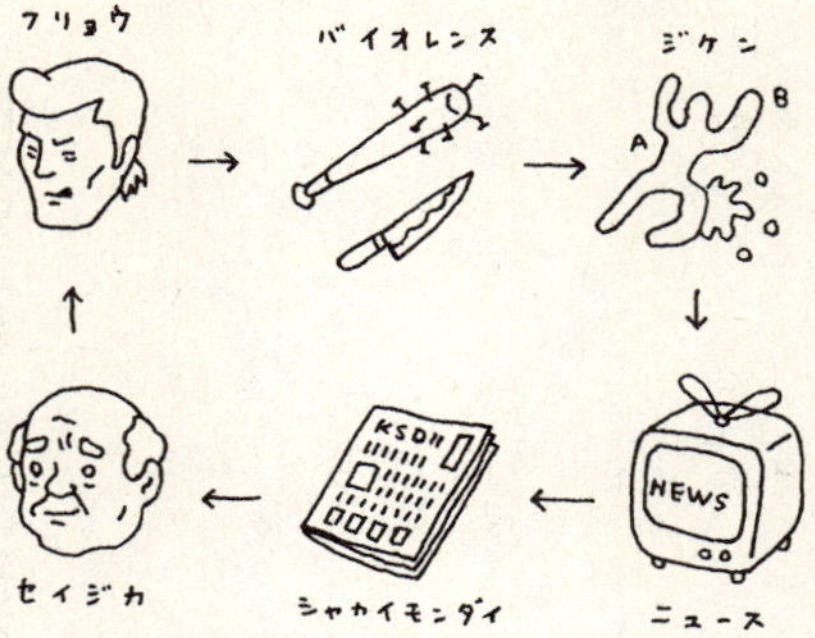

※連想ゲームで考える不良連鎖。

一つ一つも、たまらなくセクシーで絵になっているのです。こういう点でも他の男たちとは、プロとアマというくらいに違う。

さらに彼は、無意識のうちに女の心を摑むこつを心得ていて、たとえばハイスクールの生物学の実習では、解剖されるヒトデがかわいそうだ、と海へ帰します。このドラマのヒロインであるケリーは後年、目を輝かせてこのエピソードを語ります。

「ディランたら、全部海へ帰しちゃったのよ」と（ちなみに十年に及ぶすったもんだの末、ケリーが最終的に選んだのはディラン）。

不良や遊び人であること、ルックスの良さ、動作がセクシーであることなどが女を惹きつけることは、感覚としてよくわかります。でも、それらにどんな本質的な意味があるのでしょう。言っておきますが、女は決して無意味なものに惹かれたりはしないのです（詳しいことは第二章で）。

ともあれ、勉強が嫌いで、テレビゲーム大好きと来れば、君は遊び人の素質十分です。将来きっとモテるでしょう。いや、もう既にモテているかもしれません。勉強好きのお兄さんよりは。

男は女にモテることが一番大事。勉強なんて、好きになっちゃいけません！

理系男はサラサラヘアー／ネオテニーとモンゴロイド

『私の読書日記』の向井万起男さんの写真を見て、学生時代から不思議に思っていたことを思い出しました。

それは、理系の学部の男の先生の中に、大人なのにいつまでもサラサラの髪をしていて、まるで七五三に行く坊やのようなヘアースタイルをしている人が目につくことです。私はくせ毛で苦労しているので、自分では勝手に次のように考えています。

1　私のような気分屋の人間は、くせ毛になりやすい。

2　数式などで物事を判断しようとしているくらいだから、数学や物理の先生は冷静で気分が安定している。

3　ゆえにサラサラヘアーだ。

いかがでしょう。（年齢不明、女）

私もあなたとまったく同様の印象を持っています。

理系の男はサラサラヘアーの傾向がある。

しかし、髪の毛がサラサラかどうかという問題を、その人物の気分云々で説明するというのは……。第一、理系の人間は必ずしも冷静などではありません。理系男＝

サラサラヘアーについて、私はこんなふうに考えます。

髪の毛がサラサラであるというのは、何を隠そう、子どもの特徴なのです。

小さい子の髪がサラサラであることは、皆さんご存じでしょう。シャンプーやリンスのコマーシャルでも、幼い頃の髪を甦らせる、などというフレーズがあったりします。

子どもの特徴は他に、肌がきれい、瞳が澄んでいる、といったことがあります。しかし特徴は、肉体面に限りません。彼らは好奇心旺盛、何にでも疑問を持つ、〝分別〟がない、既成概念にとらわれない、無邪気、傍若無人などといった心の特徴も持っているのです。

大人になるに従い、誰でもそうした子どもの特徴を失っていきます。しかし中には、それらを非常によく保ったまま大人になる人がいる。理系の男とは、そういう存在だと思うのです（この、大人になっても子どもの特徴を持ち続ける現象は「ネオテニー」と呼ばれています）。

そもそも理系の学問や研究というものは、「子ども」でないとできないのです。

理系の学問、研究に、好奇心、探求心が旺盛といった子どもの性質が必要なことはもちろんです。しかしそれら以上に大切なのは、いい発想ができること。しかもその発想とは、単にいい、という程度では足りない。

「こんな非常識なこと、こんなとんでもないこと、分別のある大人なら考えたりしないぜ！」というような、聞いた人が半ばあきれ、半ば憤慨する、子どもみたいな目茶苦茶さ、既成概念を無視した、無邪気な無責任さがないとだめなのです。

いい機会なので言っておきたいのですが、「とんでも科学」などという表現をときどき目にします。言っている本人は「こんなのは科学じゃない」みたいに相手を嘲笑しているつもりでしょう。しかし皮肉なことにそれは、科学の本質を知らないことを自ら暴露する結果になっているのです。

とんでもないのが本当の科学。とんでもなくないとか、常識の範囲内にあったり、誰もが「そりゃ、そうだろう」と納得するようなものであったなら、それは科学ではないのです。

ともあれ――、理系の才能のある男は、大人になっても子どものまま。「ネオテニー」が強く起きているのです。

髪がサラサラなのも、小さな男の子みたいな髪型を好むのも、ネオテニーのなせる業です。彼らはお肌がきれいだとか、とにかく歳より相当若く見られるはずです。そして行動面では、浮き世離れしているとか、無邪気、傍若無人、天然ボケであったりし、ややもすれば、「あいつ、アホちゃうか」と言われかねないタイプであるかもしれません。

向井万起男さんと千秋さんが、他に類をみないようなユニークな夫婦関係を築いておられるのは、お二人の、既成概念にとらわれない、理系＝ネオテニー的性質のゆえではないでしょうか。

テレビで「チチモデマシタ、ケモハエタガ心は三歳のままです」といったふうな若い日本人女性をよくみかけます。これは誰かが言うように、幼児に擬態して異性の庇護本能を誘うといった功利的なことではなく、純粋に幼児はエライ、幼児は正しいと信じ込んでいるとしか思えませんが。〔かく言う私も〔四九歳、中年男〕と言えるような代物ではございません〕

前の質問の結論は、理系の人間はネオテニーが強く起きているのではないかということでした。しかしそもそも、人間という存在自体が、類人猿と比べて子どもっぽい、つまりネオテニーが起きているのです。

同じ年齢の、チンパンジーの子どもと人間の幼児とを比較してみましょう。チンパンジーの方がはるかに歳上、それどころか老人にさえ見えてしまいます。

違いは外見だけではありません。チンパンジーは子どもの頃こそ好奇心旺盛で遊び好きです。しかし、それらの性質をあっと言う間に失い、〝老成〟してしまう。片や人間は大人になっても遊び好き、いたずら好きです。

人間は、一つにはネオテニーによって人間らしさを身につけた、と言うこともできるのです。

その人間の中で、最も強くネオテニーが起きているのが我々モンゴロイド。日本人が欧米人に、やたら若く見られることからしてもそれは明らかです。

では、なぜ人間ではネオテニーが起きたのか、モンゴロイドでより強く起きたのはな

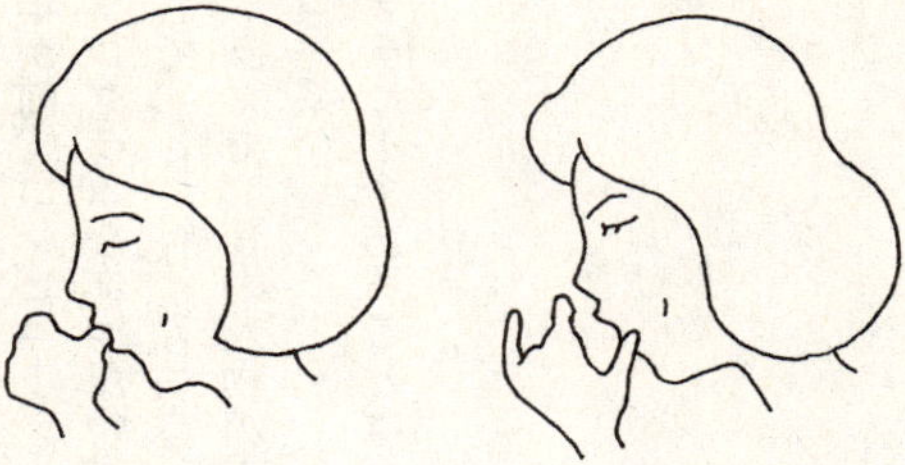

※何でも口に入れてしまうのは
子供の大きな特徴です。

ぜか、ということになりますが、それを説明し始めると大変長くなるので、今回はやめにします。

ともあれ人間にとって、特にモンゴロイドにとって、ネオテニーであり子どもであることは、その本質とも言えることです。さらに、男女どちらがよりネオテニーが現れているかといえば、それは女の方なのです（これも長くなるので……）。

日本の若い女の子をバカだ、幼稚だ、と言うことは簡単ですが、その前にこういう事情があるのだということを知っておきましょう。子どもっぽいことをよくないとするのは、我々ほどにはネオテニーではない、コーカソイドの論理であり、プロパガンダでさえあるかもしれません。

理系の才能がネオテニーに関係するとすれば、です。最も強くネオテニーが起きている我々モンゴロイドは、理系科目に強いのではないか、という気がしてきます。それは、どうも本当のようです。

世界規模で中学生の数学の学力調査をすると、上位を占めるのは、シンガポール、韓国、日本、香港……（一九九五年、第三回数学教育調査）。

何年か前、コンピューターがついにチェス名人を下すという快挙を成し遂げましたが、そのプログラムを作ったのは、台湾出身のアメリカ人。

そして、「ビバリーヒルズ青春白書」や「アリー・ｍｙ ラブ」などのアメリカのテレビドラマで、登場人物が大きな病院を訪れる。すると、ドクターは必ずといっていいほど東洋系。

ネオテニーであることは、悪いことではありません。

酒とタバコと出世の関係

酒もタバコもやらない人は出世しない、とは老親の口癖です。私はどちらもたしなみませんが、本当に酒もタバコもやらない男は出世しないのでしょうか。（三九歳、男）

まず酒についてですが、そもそも飲むかどうか、という前に、飲めるかどうか、の問題がありますね。

日本人の中には時々、酒をほとんど一滴も飲めない、下戸の人がいます。さらに、飲めることは飲めるが、ある量（たとえば日本酒で言えば二〜三合）を超えると気持ち悪くなる（私はこれです）、そしてぐいぐいいける、気持ち悪くなるのは相当飲んでから（たとえば五合〜一升、あるいはもっと）である、と大体三段階くらいの酒の強さがあるように思われます。

ところがコーカソイドやニグロイドには下戸はまったくいない。我々のように、中間段階というのもいない。彼らは全員、酒は極めていける口、実際に飲むかどうかは別として、酒には滅法強いのです。

なぜ、モンゴロイドには下戸や中間段階がいるのか。

それは、今から二万年くらい前を寒さのピークとする、最後の氷河期の頃のことです。当時、中国大陸のどこかに住んでいた誰かに、ある突然変異が起きたことに始まります。アルコール（エチルアルコール）は体内で、アセトアルデヒド、酢酸という順番で変化します。このアセトアルデヒドを酢酸に変える酵素をアルデヒドデヒドロゲナーゼと言います。

この酵素には二種類あるのですが、突然変異は、より重要な方の酵素をコードしている遺伝子に起きました。結果、肝心の酵素が正しくつくられなくなった。アセトアルデヒドを、効率よく酢酸に変えることができなくなってしまったのです。

このアセトアルデヒド。実は、二日酔いや飲みすぎたときの気持ち悪さの原因で、一種の毒物です。

下戸の人は、酒を飲めば、必ずアセトアルデヒドが溜まる（その先の酢酸に変わりにくいわけだから）。よって二日酔いみたいに気持ち悪くなるのです。

一方、酒が飲める人でも、飲み過ぎれば、この過程は渋滞。一時的に多くのアセトアルデヒドが溜まる。やはり気持ち悪くなる、という次第です。

この突然変異の起きた状態の遺伝子は、「下戸遺伝子」と呼ばれています。

とはいえ、下戸遺伝子を、親から一つしか受け継いでいないのなら、まだ大丈夫。下戸ではありません。そうでない方の遺伝子が働いてアセトアルデヒドを変化させます（これが酒の強さの中間段階）。

下戸遺伝子を親から一つずつ、計二つ受け継いでしまった場合、これが下戸なのです。

ともあれこの突然変異が起きて以来、それまで全員、極めていける口だったモンゴロイドが、突如そうではなくなってしまいました。

このおよそ二万年前、しかも中国大陸で、という発生のシチュエーションは結構大事です。

というのも、我々日本人の二大ルーツの一つで、先に、しかも南方から島づたいに日本列島にやってきた縄文(じょうもん)人はこの頃まだ、今のインドネシアの島々のあたりにいた。そこでは下戸遺伝子の影響を受けなかったし、以後も受けなかっただろうからです。

つまり縄文人は全員、酒はいける口だったが、後から（BC三世紀からAD七世紀にかけて）、主に朝鮮半島経由でやって来た渡来人(とらいじん)が、下戸遺伝子をもたらした。よって今日、日本人に、酒の強さについて様々な個人差があるわけです。

高知や鹿児島、などの地方に一升酒の早呑み大会があったり、高知では夜、酔い潰れた女が道路脇で寝ている、などという伝説があるのは、それらの土地が縄文系で、酒に強い人が多いからでしょう。

——酒。たかだかエチルアルコール。これが、男どうしの付き合いの場ということになると、それなくしては始まらない、というくらいに重要な存在となる。酒の飲めない男はどこか浮いた存在、ひどい場合にはいじめの対象となったりします。

明智光秀が織田信長にいじめられたことは周知の事実です。その原因の一つは、彼が下戸だったことにあるようです。

実際、歌舞伎の「馬盥(ばだらい)」（「時今也桔梗旗揚(ときはいまききょうのはたあげ)」の三幕目）は、小田春永が家臣、武智光秀に、飲めないことを承知で酒を強いる。しかも馬用の盥になみなみと注いで、「さあ、飲め」と迫る。このあまりの屈辱に、彼はついに謀反の決意を固める、というストーリーです。

そうそう、そう言えば、意外なことなのですが、あの西郷隆盛は下戸、彼の腹心の部下である桐野利秋（維新前の名は、「人斬り半次郎」こと、中村半次郎）も同じく下戸です。

中国となると、下戸遺伝子発祥の地ということもあるのでしょうか、かの毛沢東は「酒にさわっただけで赤くなり」、劉少奇は「小さな盃で少し白酒（焼酒）を飲める程度」、周恩来は「中国人の中では飲めるほう」だが、とうていロシア人には太刀打ちできなかったのだそうです（『人間　毛沢東』、権延赤著、竹内実監修、田口佐紀子訳、徳間書店）。

どちらも、下戸が下戸を呼び、男社会には下戸同盟のようなものもできるのだ、という例かもしれません。

けれど、男社会の基本はやっぱり酒。酒が男社会をつくり、男どうしの絆を強める。酒の飲めない男は出世競争で非常に不利、と言って間違いないのではないでしょうか。

次はタバコ。

実は、タバコを吸う習慣があるかどうかと、人間の様々な性質、との相関について大変多くの研究が行なわれているのです。

『喫煙行動』（ウィリアム・L・ダン編、広田君美ら監訳、人間の科学社）という本に図）絵で見てわかるアセトアルデヒド濃度。

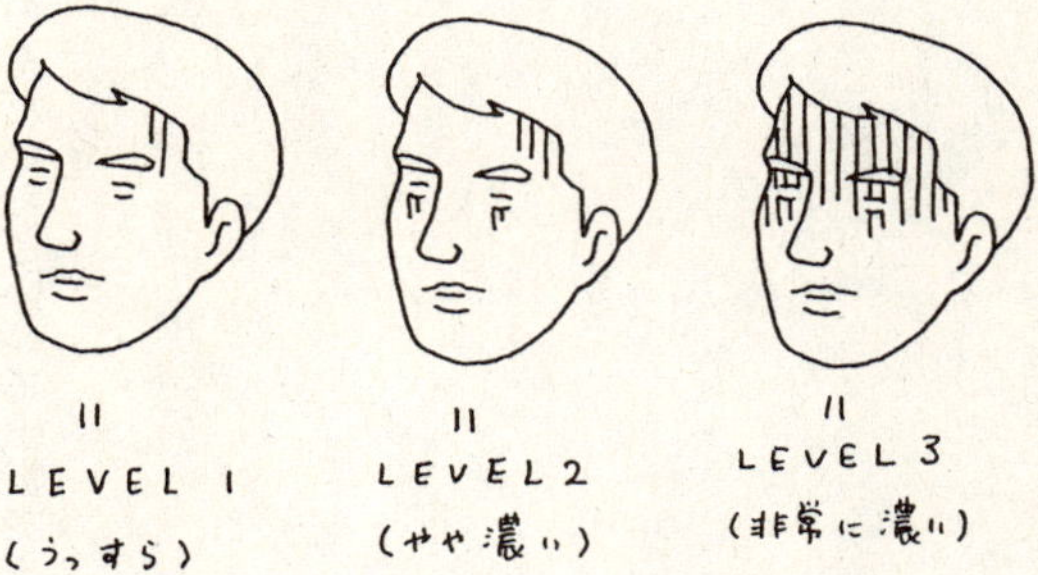

よると、喫煙の習慣と相関のある人格上の特徴は「独立心」、「反社会的傾向」、「活動的でエネルギッシュ」、「外向性」、「享楽的傾向」、「弁舌のたくみさ」、「低い精神衛生」、「固定的ではなく不従順で衝動的」、「内的統制よりも外的統制に依存」、「チャンス指向性」等々。

生活様式上の特性というものも載っているのでこれにも触れると、「強い職業指向」、「アカデミックな行動が少ない」、「飲酒者が多い」、「宗教的行事への出席が少ない」、「結婚および転職の頻度が高い」、「スポーツに積極的に参加」、「自動車事故が多い」、「コーヒー、紅茶の飲用者が多い」等々、だそうです。

酒が飲めるということは、男社会の一員としてやっていくうえで非常に重要。

タバコを吸う男は外交的で活動的、独立心旺盛、弁舌に優れる、チャンス指向性、職業指向が強い……。

そういうわけで、酒もタバコも、男の出世という問題に深く関わっているような気がします。あなたの親御さんのおっしゃることは非常に正しいと思います。

でも、のんだからといって出世できるとは限りません。どちらも。

新しい物好きの男

私の夫はとにかく新しい物好きで、新製品が出ると誰より早く試さなくては気が済まない性格です。最近ではパソコンとデジタル・カメラに凝っていて、このままでは我が家は破産間違いなしです。夫の新しい物好きの性質を直すにはどうしたらいいでしょう。（三〇歳、女）

新しい物好き……ねえ。

実はこの新しい物好き、つまり、新しい物や変わった物に喜びを感ずるという性質はnovelty seeking（新しい物を探し求める性質）、またはthrill seeking（スリルを求める性質）と呼ばれ、人間行動を巡るいくつかの分野で大変重要なテーマとなっているのです。

一九七〇年代初めのある研究によると、新しい物好きの人間は初対面の人物と、たとえお互いそう惹かれ合っていなくても、ＳＥＸを楽しむことができる、ＳＥＸは一種のゲームだ、と考える傾向がある。

片やそうでない人間は、ＳＥＸはお互い深く愛し合っているのならいいが、そうでない場合には認められない、できればそれは結婚してからが望ましい、と考える傾向があることがわかりました。

ちなみに新しい物好きかどうかということは、心理テストによる、新しい物好きの性質についてのスコアーが高いかどうかによって判断しています。

さらに別の研究によると、ある人間のSEXパートナーの数と最も相関があるのは、その人物が新しい物好きかどうかということ。それはその人の年齢、異性としての魅力やカッコよささえも凌ぐ強い相関を持っているのです。

年齢を重ねれば当然、交わった相手の数は増える。本人がカッコよかったり、魅力的であれば、当然言い寄る異性の数も多い。それだというのに、です。

そしてまた別の研究によると、新しい物好きの人間は多くのSEXパートナーを持つ傾向があることはもちろんだが、変わったことをするのが好き。オーラル・セックスとか、体位をいろいろ試すというのです。

そうでない人々と比べてSEXの頻度自体は変わらないが、相手を替え、SEXのやり方を変え、とにかくヴァリエーションをつけることが好きなのです。

これらは心理学の分野での研究です。新しい物好きの人間は、その新しい物好きであるという性質のゆえに、新たなSEXの相手を求め、新たなるSEXの方法をも追求するということなのでしょう。

最近になると、遺伝子の観点が加わります。

アメリカのD・ハマーらの研究によると、新しい物好きの性質とドーパミンの受容体である、D4ドーパミン・リセプター（D4DR）の遺伝子の型との間に関係がある。

D4DRにはL型とS型とがあるが、L型が新しい物好き、スリルを求めたがる人物に、S型があまり新しい物を好まず、スリルを求めたがらない人物に、それぞれ対応する傾向があるというのです。

ということは……L型の人間はSEXパートナーの数が多い傾向があるのではないかと考えられるわけですが、実際そうだったのです。

ただ意外なことなのですが、それはあまりはっきりした傾向ではなかった。その代わりこの研究では、ハマーが予想だにしなかった、こんな仰天の結果が現れたのです。

しかしその前に、D・ハマーという人は大変な重要人物なので説明しておきましょう。彼は同性愛遺伝子（但し男の同性愛）のありかを突き止めたことで非常に有名です。

同性愛遺伝子というと、「それを持っていると必ず同性愛者になってしまうというのか。ふん、何から何まで遺伝子に決められてたまるか」などといった嫌悪感を抱く人もいるでしょうが、違います。

遺伝子は何から何まで決めることなどできないし、する必要もない、また、しない方がいいくらいなのです（だからここで言う「同性愛遺伝子」も、それを持っているからと言って必ず同性愛者になるというようなものではありません）。

同性愛行動には多くの遺伝的性質、要は遺伝子が関わっているはずですが、ハマーが見つけたのは、そのうちの最も有力と考えられるもの。彼は、それがどうも性染色体のXの長腕の一番端のあたりにありそうだということを突き止めたのです。

彼はまず大規模な家系調査によって、同性愛の傾向が母親経由で伝えられることを押さえます（人間の染色体は二二対の常染色体と一対の性染色体から成っていて、性染色体は男でXY、女でXXの状態。これは問題の遺伝子が性染色体のX上にあることを意味する。なぜなら父親は息子にYしか渡せないのだから）。

そして二人とも同性愛者である兄弟、一方が同性愛者である兄弟、のX染色体を調べることで、その遺伝子がどのあたりにあるのかを特定したのです（詳しくは拙著『BC！な話』新潮文庫をご覧下さい）。

さて――、D4ドーパミン・リセプター（D4DR）遺伝子について、ハマーらが予想もしなかった意外な展開ですが……。

まず、同性愛者ではない、ストレートの男について調べます。

すると、L型の男（新しい物好き、スリル大好き男）のなかで、若い頃、試しに男とも寝たことがあるというような人物は、五〇パーセントにも達した。一応ストレートであるのだが、二人に一人は同性愛経験もあるということなのです。

これがS型の男（新しい物好きではない、スリルを求めない男）となると、そういう経験者はたった八パーセントしかいなかった。

L型の男はS型の男の六倍以上の頻度でバイセクシャル経験があるのです。

次に同性愛者の男を調べる。

すると、またまたです。L型で女とも経験があるという男は、S型でそういう経験があるという男の五倍にも達するのです。

要するに、L型＝新しい物好き、スリル大好き男は、基本形がストレートであれ、同

※ 新しい物好きの性質の
大きさを表しています。

性愛者であれ、バイセクシャルに向かう傾向があるということなのです。逆にS型の男はそういう傾向が抑えられている。

L型男の飽くなき追求心、新しい物を求める心が、本来の性的傾向を、時に打ち破ることがあるということでしょうか。

あるいはこういうことでしょうか。新しい物好きという性質の本質は、実はバイセクシャルにある。バイセクシャルに向かうという性質の副産物として新しい物が好きだという性質があるのではないか……。

まさか、そんな、と思われるかもしれませんが、バイセクシャル行動が、L型とS型で五倍、六倍とこんなにも極端に違うとなると、そう考えた方がむしろ自然ではないかと思うくらいです。

実際、ハマーもこれらの違いに大変注目しており、D4DR遺伝子を（新しい物好きに関する遺伝子というよりは）「乱交遺伝子」と名付けたくなるが、そういうことを軽々しく言っちゃいけないんだなあ、これが……みたいなことを何だか口をもごもごさせながら言っています。

ご質問の方。ご主人の関心が物に向かっているうちは、まだましと言うべきではないでしょうか。

繁殖能力を失ってもなぜまだ生きるのか

小生は今年で八〇歳になります。男としての機能は、とっくの昔に失いました。だがその私がまだ生き続けている……。人間はなぜ、繁殖能力を失った後にも生き続けるのでしょうか？

あまりにも多くの方から寄せられるご質問です。

なぜ繁殖能力を失っても生き続けるのか。

しかし逆にお聞きしたいのですが、なぜ繁殖能力だけを気になさるのでしょう。もしかするとあなたは、自分自身で子をつくれなくなった、だからもう自分には存在価値がないのではないか、とお考えではないでしょうか。

そうだとすれば、それは大きな間違いです。

自分の子をつくることだけが問題ではありません。生物の世界は直系はもちろんのこと、傍系も含め、自分と共通の遺伝子がいかに残るかという論理で動いているのです。

人間も生物である以上、この論理に従っているはず。たとえ自分自身ではもはや子をつくることができなくても、子や孫、甥、姪、イトコなどの繁殖の手伝いをする。そうして自分の遺伝子を間接的に残しているのです。

特に女の場合、それは疑う余地なくはっきりとしている。

女は小さい子どもの世話は得意中の得意。実際、男より女が長生きする理由の一つとして、孫やひ孫の世話をするため、ということが考えられているくらいです。

それに、「おばあちゃんの知恵袋」と言われるように、おばあさんは長年の経験から豊富な知恵を貯えています。それがまた子や孫の成長や繁殖に役に立つ。

おばあさんの存在意義は絶大です。

男の場合はどうでしょう。

男は小さな子どもを、抱っこしてあやすくらいのことは出来ます。

ただ、ここでちゃんと言っておきたいのですが、男は抱き方がヘタ。男はそもそも、子どもを抱くなどということには向いていないのです。男はまして、おしめの取り替えや食事の世話など困難に近い。やったとしても、迷惑がられるのがオチでしょう。

こうしてみると一見したところ年老いた男には、あまり存在価値があるとは思えません。しかし男も、繁殖能力を失った後にも生きている。やはり何か意味があるのです。

男が子や孫、あるいはその他の血縁者の繁殖の手伝いができるとしたら……、それはおそらく間接的なもの。たとえば、男が何か社会的に高い地位に就いているとして、

「えっ、あなた、あの○○の息子なの！」

「彼は××会社会長の孫なんだって」

みたいな感じで息子や孫、あるいは甥がモテるということでしょう。もちろんそのとき、男自身の遺伝子も同時に彼らを介して増えます。

松下幸之助さんのような、大成功した企業の創業者などは非常に長生きだと言われます。

それは一つには、とにかく彼が生きていることに意味があるから。たとえ経営にほとんどタッチできなくなったとしても、ただ彼が生きているというだけで企業にプラスの効果を及ぼすからでしょう。その存在意義が彼に、生きる意欲を与えることになるわけです。

しかし、成功した男が長く生き続けること。それには企業の存続云々などということよりも何よりも、もっと重大な意味がある。それがそのネーム・ヴァリューによって子や孫が有利に繁殖するということ。その楽しみがまたまた彼を元気にさせてしまうのです（もちろん無意識のうちに）。

もっとも、そんなにもビッグな存在ではなくても、地域のリーダーであるとか、何らかの世界でちょっと名の知れた存在であるというくらいでも、子や孫の繁殖には十分役立つはずです。

社会的に成功できなかった男はどうなんだ、ということになりますが、さあ、どうなるんでしょう。しかしもし、何かの分野でそれなりのキャリアを積んでいるとしたら、その事実は活かされるはずです。いや、活かされるように計らいましょう！

それすらもないとしたら？

そのときにこそ、孫の世話の得意な、いいおじいちゃんになってください！

話は変わりますが、私はここで急にゾウの話がしたくなってきました。繁殖能力を失

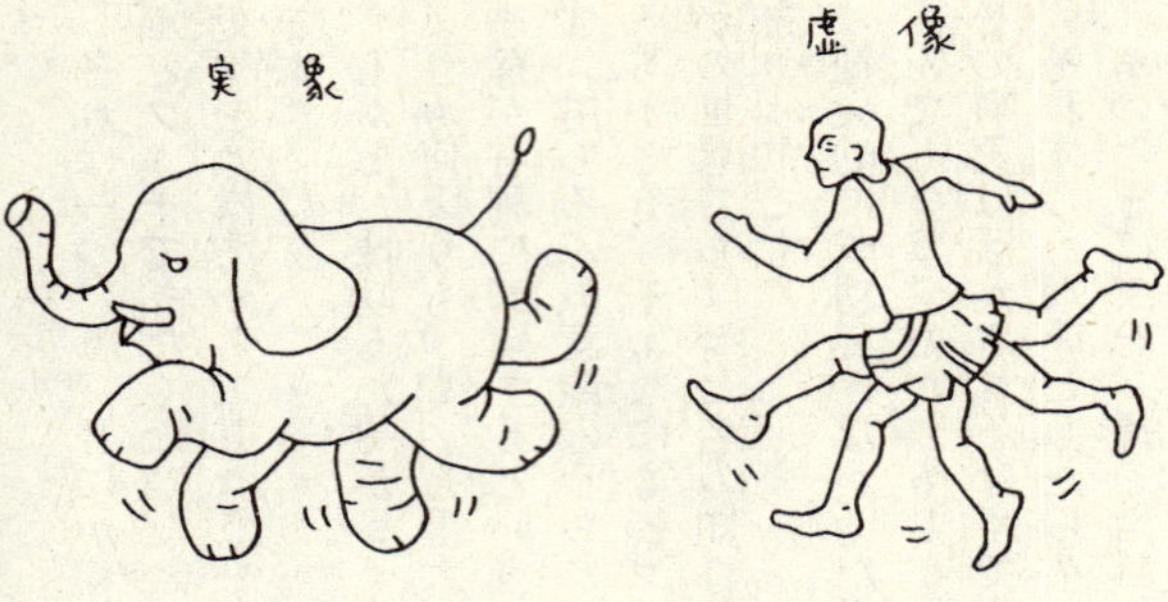

※ゾウに見る虚と実。

っても生き続けることの意味を、これほどまでに見事に示してくれる動物は他にはありません。

ゾウ（アフリカゾウ）は普通、最も年がいっており、体も一番大きいメスが、妹や娘、そしてその子どもたちを率いて集団をつくっています。メンバーの数はだいたい二〇頭くらい。

オスは一三歳くらいになって性的に成熟すると集団を離れ、放浪の旅に出かけます。一人で行動することもあれば、同じような境遇のオスたちと徒党を組むこともある。彼らは発情したメスを求め、東奔西走します。

ちなみにゾウはペニスも凄い。興奮してメスを追いかけているオスたるや、まるで五本の脚で駆け回っているかのように見えるのです。しかし目立ち過ぎるペニスとは違い、精巣は腹部の中にあり、外から見ることはできません。

リーダーメスは、体を張って外敵と戦います。敵というのは、たとえば象牙目当ての人間であったりするわけですが、まず彼女の指示のもと、皆で子どもたちを取り囲む。彼女が退却すべし、と判断すれば子どもらを囲みつつ退却。戦うべし、と判断したときには、何と彼女一人が戦うのです。他のメスは子どもらを守ることに専念します。

　ゾウのメスには閉経があり、それは五〇歳くらいの頃。寿命は六〇歳くらいだから、約一〇年間は繁殖能力を失ってなお生きることになります。

　ところがこの間にも、メスの体は大きくなり続ける。外敵に対するリーダーメスの役割はさらに重要なものになるわけです。

　ゾウに墓場がある、という話がありますが、どうも本当ではないようです。多くのゾウの骨が一カ所から見つかったりすることはあるのですが、ゾウがわざわざその場所に行って死ぬとか、ましてや仲間が遺体をその場所へ運ぶなどということは考えられない。結局、象牙取りが多くの遺体をその場所に捨てたとか、洪水の後などに、骨が一カ所に集まってしまったのではないかと考えられているのです。

　ただ、死んだゾウを仲間が〝弔う〟というのは、本当です。遺体のうえに木の枝を何本も載せ、それを被い隠すような措置をとるのです。

　リーダーメスの立派な行動などを知ると、それもなるほどと頷(うなず)かされるではありませんか。

第二章　女についての？。

女のオルガスムスの意味

Q　私はこれまで女を満足させることにかけてはかなりの自信を持っていました。たいていの女はいとも簡単に「いっ」てしまいます。ところが今の彼女の場合、全然ダメなのです。つきあって間もなく一年になりますが、彼女が「いっ」たことは一度もありません。彼女はいわゆる不感症なのでしょうか。（二八歳、男）

A　この世の中に絶対的に良いこと、絶対的に悪いことなんて存在しない。自分にとって良いこと、悪いことならある。しかし絶対的な善や悪はありえない。

いや、それどころか自分にとって良いことだと信じて疑わないことが、実は最悪のことだってある。どう考えたって良くないこと、本人が困り果て、悩んでいることが、実は彼（彼女）にとって大変好ましいということがある……。

これが、私がこれまで動物行動学を学ぶことで得た最大の教訓です。

あなたのご質問などはまさにこの、あなたが良いと思っていることが実はちっとも良くない。世間で良くないと言われ、本人も悩んでいることが、大変良いことかもしれないということの実例でしょう。

まずあなたは、女を「いか」せることが絶対的に良いことだと信じて疑いませんね。

でも、最近の研究でわかったのは、女が「いっ」たからといってそれは、女が本当の意味で喜んでいるとは限らない、男は無条件に喜んではいけないということです。

今から一〇年くらい前のことですが、イギリス、マンチェスター大学のロビン・ベイカーは、弟子のマーク・ベリスと組み、こんな前代未聞の実験を行ないました。

ボランティアとして実験に協力してくれる実生活上のカップルを募ります。こうして得たカップル二五組に対し、いくつもの質問を投げかけることはもちろんですが、まずコンドームを渡して射精精液を回収してもらう。

そして、です。コンドームを使わずに交わると、男の射精後数十分くらいで女の体から、女の体液と精液の混じった白い固まり――これをフロウバックと言います――が排出されます。こんなものまでも回収してもらうわけです。フロウバックは何回にも分けて排出されます。

精液の方はかなりの人々が回収に協力してくれましたが、さすがにフロウバックは気持ち悪いのか、はたまた回収が面倒なのか、サンプルはあまり多くは集まりませんでした。

――ともかく、そうしてわかったのは、おそらくベイカー本人たちでさえ完全には予想していなかった驚くべき事実の数々です。

その一つが、女のオルガスムスについて。つまり、どういうタイミングで起きるかによって全然意味が違ってくるという現象です。

普通、女が早々と「いっ」てしまうと、男は誰しも、

「やった！」

「オレは『いか』せたぞ」

とさぞ満足の笑みを洩らすことでしょう。女も「いっ」たことに心から満足しているに違いありません。ところが……です。

男より大分早い女のオルガスムスは、精子の拒絶を意味するのです。

女のオルガスムスとは、膣と子宮が何回も収縮することで、たしかに精液を強力に吸引する働きがあります。しかしそれは、既に膣内に精液が存在していたり、オルガスムスとほぼ同時に精液が入ってきたときの話。つまり男より後か、男と同時でなくては起きない現象なのです。

男より大分早いとき、女の体内には吸引すべきものがありません。いわば空吸引なのです。それだけならまだしもなのですが、オルガスムスの後、女は大量の粘液を膣内に分泌し、後でやってくることになる精液に対してブロックを築いてしまうのです。

そのうえ！　その粘液たるや強い酸性で、精子を殺すことができます。こうして女は、男より大分早く「いく」ことで男を、ひいては彼の遺伝子を受け入れることを拒否しているのです。

女が早く「いく」なんて、誰がどう考えたって結構なことのはずです。男も結構、女も結構。皆そう思っている。しかしこんな驚天動地の真相が隠されていたのです。

ベイカーらはフロウバックを回収し、そこに含まれる精子の数を数える。一方で、その時女のオルガスムスがどういうタイミングで起きたかを調べる、などという手続きを

踏むことでこの驚愕の事実を発見しています。

さて、お尋ねの、彼女が一向に「いか」ないという問題ですが……。

今ここでお話ししたように、女は「いけ」ばいいというものではありません。男にとっては早々と「いっ」てしまわれるよりは「いか」ない方がむしろいいくらいなのです。だからまず、彼女を「いか」せられないということをあなたが悩む必要はありません。そして彼女を不感症呼ばわりすることも適切ではありません。

動物学的に見て、彼女はいったいどういう女なのでしょう。

ベイカーはこういう、いわゆる不感症の女にもはっきりとした意味を見出しています。彼によればそれは、パートナーにSEXの練習をさせない女だというのです。

SEXの練習？

練習をさせない？

練習がどうして大切なのかとお思いでしょう。

これが実に実に、大切なのです。

そもそも「不感症の女」などという表現があること自体がその現れなのですが、女にはオルガスムスがよく起こる女、たまにしか起こらない女、滅多に起こらない女、などとその起こる頻度について大変な個人差があります（繰り返しますが、不感症だからダメな女という意味ではないのです）。おそらく起こすタイミングなどについても女は一人一人、各人各様の様々な戦略を身に付けているのでしょう。

つまり、そういう千差万別の女を相手にする男としては、効率よく女を受胎させるため、ぜひともＳＥＸの練習を重ねなければならないのです。練習、練習、練習あるのみ！（もっとも男はそんなことは少しも意識していません）

男はたいていの場合、現在のパートナーを相手に練習を積むことになるでしょう。そして上達すれば当然、その成果を試してみたくなる。あちらこちらの女へと食指を伸ばし、ときには本当に子をつくってしまう……。

ところが、どうでしょう。うんともすんとも反応しないこの女ときたら……。男は練習の仕様がないのです。よって外で活動しようという気にもならず、よしんば活動しても子はできにくい。そうベイカーは説明しているのです。

あなたの彼女とは、「不感症」ではなく、あなたに練習をさせない女。実はそういうしたたかさを身につけた女だったのです。

女がハイヒールをはくのは……

なぜ女は厚底靴を履くのでしょうか。歩き方はかっこ悪いし、ころんでケガする意味のないリスクを背負って何をしたいのか全く理解に苦しみます。見た目を良くしたいというカツラのようなものでしょうか？（三七歳、男）

あの厚底靴が登場したとき、「おっ、ロンドンブーツがまた流行り出したぞ」と私は思いました。

ロンドンブーツとは、一九七〇年代の初めに流行した、まさしく厚底ブーツです。

今、手元に「The best of the Rolling Stones Jump Back」という、ストーンズの一九七一年から九三年にかけての作品のベストアルバムがあるのですが、ジャケットのデザインは、七一年、九三年、それぞれの年に流行した靴を配したものになっています。その七一年の方が、ロンドンブーツなのです（九三年は、Hawkinsか何かの、ごっつい靴）。

若い人はお笑いコンビの名前くらいにしか思っていないでしょうが、既に三〇年前にロンドンブーツなるものが世界的に大流行しています。厚底靴は今に始まったわけではないのです。

しかし厚底靴の起源が、ロンドンブーツどころか、はるか古代ギリシアに（稚拙なものなら三〇〇〇年以上も前に）遡る、と言ったら、おじさん、おばさん、皆さんびっくりするでしょう。

ウィリアム・A・ロッシという靴の研究家がいます。全米履物業界のコンサルタントも務めるこのおじさんの『エロチックな足』（山内昶監訳、筑摩書房）という本によると、いわゆる厚底靴はプラットフォーム・シューズと分類される靴の一種ということになります。

プラットフォーム・シューズの原型は、古代ギリシア劇の舞台で履かれた「コルトルノス」で、俳優は、自身の格や役の地位が高いほど、底の厚い靴を履いた。それが民衆にも広まったということだそうです。プラットフォーム・シューズは、その後絶えることなく靴の歴史に登場します。

驚いたことにロッシは、日本の下駄や草履もプラットフォーム・シューズ、つまり〝厚底靴〟だと言います。言われてみれば確かにそうです。

厚底靴が今に始まった物ではないことはもちろんですが、どこか特定の国にだけ流行したとか、している変な靴というわけでもない。それは人類に普遍的な存在であるようです。

厚底靴は危険――。

しかし、そんなことを言ったら、あなた。ハイヒールなんて、あんな危険極まりないもの、だいたいあれが履いて歩くためのものだということ自体が、私には信じられません。

一七年前、私は友人の結婚式で慣れぬハイヒールを履きました。案の定、捻挫。以後一年間痛みに悩まされました。ハイヒールは二度と履くまい、とそのとき誓ったのです（第一、つま先のすべてをあのとがった三角のスペースに収めようといったい誰が発想したのでしょう）。

それでもたいていの女はハイヒールを履きます。なぜハイヒールを履くのか？

そもそも脚というものは、それ自体がエロチックな存在です。それは、足の先の方（少なくとも足首まで）と生殖器とが同じＨｏｘ（ホックス）遺伝子によって形作られている、という例の話をご存じの方には特に納得いただけると思います。そしてハイヒールを履くと、これでもかというほどのエロスが発せられる。

ハイヒールを履くと、まず脚が長く、きれいに見える（特に重要な、膝から下が長く見える）。アキレス腱が強調され、足首が細く見える。

ハイヒールを履くと、足の甲の部分がより盛り上がって見える。

ロッシはこれを、オルガスムスに達したときの女の足の状態だと言っています。オルガスムスに達し、脚をぴんと伸ばし、つま先を足の裏側に曲げる。すると、甲が盛り上がる……あれです（そもそもハイヒールを履いた脚全体が、オルガスムスのときの状態です）。

さらに、ハイヒールを履くと胸が突き出たり、ヒップアップするなど、姿勢や歩き方がエロチックになることも事実です。

ハイヒールは痛いし、危険極まりない。しかし、それらを補ってあまりある、脚や体をきれいでセクシーに見せる効果というものがある。それならば、ということで女は、痛いのを我慢してでも履くのです。

ロッシはこんな名言をはいています。

「ほとんどの女性は、平たいヒールの靴で天国に歩いてゆくくらいなら、ハイヒールをはいて地獄へ旅立つほうを選ぶことだろう。」（前掲書）

女を魅了してやまないハイヒールですが……実を言うとその前身は、何とプラットフォーム・シューズ（厚底靴）なのです！　一五世紀から一八世紀にかけて流行した、チョピンなるものがそれ。

チョピンは、高さ六〜三〇インチ、つまり約一五〜七六センチです。現在の厚底靴どころの話ではありません。転んで流産する女性が続出。このあまりの危険さに、一五世紀のヴェネチアではチョピン禁止令が出されたほどです（それでも人々は履いた）。

こうしてみると現在の厚底靴など、靴の歴史の全体からすれば、実は全然大した代物ではないことがわかります。靴にはまだまだ、珍妙な靴、奇妙きてれつな靴が、探せば見つかるでしょう。

ともあれ、このように、厚底靴はハイヒールのご先祖様です。となれば、ハイヒールほどではないにせよ、同じく脚や体を美しく、セクシーに見せる効果があるはずです。いや、そうでないとして、どうして女は、わざわざあんな履きにくい靴を履いたりする

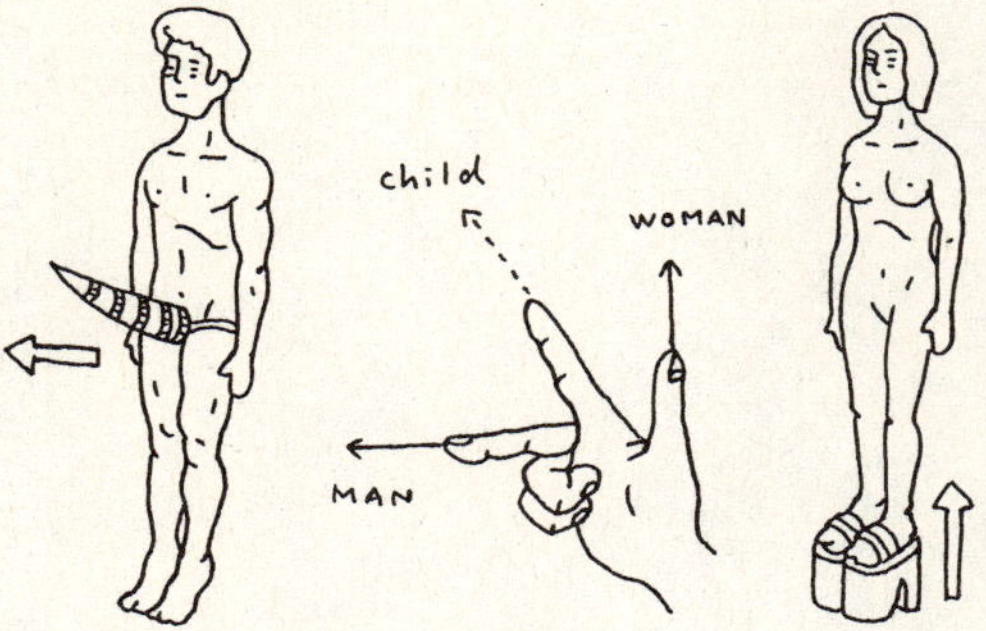

♂♀の法則

でしょう。かつて女が、流産の危険を冒してまで履いたりしたでしょうか。

厚底靴の効果——まず考えられるのは、脚を長く見せることができる、ということです。あのぶ厚い底の分を差し引いて考えなくてはならない。それはわかっている。わかってはいるが、凄く脚が長いように思われてしまう……そういう効果です。

さらに、私は気がつかなかったのですが、ロッシによれば、プラットフォーム・シューズ（厚底靴）を履くと歩き方が微妙になり、それが魅力になるというのです。

歩きにくいとか、危なっかしいということが、女に緊張感をもたらし、普通とは違った歩き方をさせることになるのでしょう。

そういえば、かの纏足（てんそく）、つまり纏足を施しているとよちよちした危ない歩き方になる。それは金蓮歩（きんれんぽ）と呼ばれ、男の憧れだったと言います。花魁（おいらん）の独特の下駄と、そろりそろりの花魁道中。

あれもそうでしょう。

厚底靴は本来、歩き方をカッコ悪くさせるものではありません。女の子たちが、まだ気づいていないだけなのです。その魅惑の歩き方というものに。

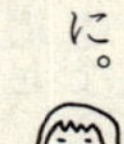

女のマスターベーションの意味

以前、男性のマスターベーションの有意性（精子の少数精鋭部隊の編成直し）を回答されてましたが、女性のマスターベーションは何か役に立っているのでしょうか。（三二歳、女）

このコーナーにしばしば登場する、ロビン・ベイカーとマーク・ベリス。彼らの研究について、それこそ取り憑かれたように私が勉強していた頃のことです。こんなに面白い話があるというのに黙っていることはできません。親しい編集者と電話で話すたびに、

「あのね、ベイカーがこんなこと言ってるんだよ」

「何々？　早く教えて」

といった調子で会話していました。

あるとき、B藝春秋のI氏としゃべっていて、話が女のマスターベーションに及んだところ、です。

品行方正、清廉潔白、中一の娘と未だに一緒に風呂に入っている彼は、こう叫びました。

「ええーっ！　女もマスターベーションするの？」

「……」

とはいえ、こういうふうに、女もマスターベーションすることが一部の人に知られていない、その現状には、女の側の責任というものもあるのです。女は同盟を結んだかのように皆黙っている……。

いや、というより、ですね。とてもではないけど女は恥ずかしくて言えないんです。マスターベーションしてるだなんて！

しかし、そうするとなぜ女はそれを恥ずかしいと思う心を持っているのか……。今度はそんな疑問が湧き起こって来るわけですが（単なる女の恥じらいだなんてことは、考えられません）、ま、それはさておくことにします。女のマスターベーションの意味について考えましょう。

男のマスターベーションとは、古い精子を追い出し、発射最前列を新しくて生きのいい精子に置き換える作業である――これは第一章でお話ししました。

男がＳＥＸの前日とか前々日に――そのＳＥＸの相手は、パートナー、浮気相手を問いません――しばしばマスターベーションすることもお話ししました。マスターベーションの意味というものを考えれば、それは当然のことです。

では女のマスターベーションにはどんな意味があるのでしょう。女がマスターベーションしたところで、何かが派手に発せられるわけでもなく、事態に何も変化はないように思われます。いったいどんな意味が……。

しかし、事態はちゃんと変化しているのです。単に見えないというだけで。女がオルガスムスに達するとどうなるか、という話もしました。そう！　膣内に粘液が大量に分泌され、精子の侵入を防ぐブロックを築く。さらにその粘液が強い酸性であるため、精子を殺すことができるという、あれです。要するに、女のマスターベーション、それに伴うオルガスムスには、このように受精が起こらない方向（いわば避妊の方向）へと事を運ぶという意味があるのです。男の場合とは逆で、負の効果を持っています。

すると、どうなのでしょう。男は、浮気にせよ、そうでないにせよ、とにかくSEXの前にマスターベーションし、よりよく受精させるための準備をしました。女も準備するのでしょうか。とはいえそれは、受精を起こりにくくするという、負の準備であるわけですが……。

ベイカーはこの件について、こんな恐ろしいことを考えています。

そもそも女が浮気するとしたら、それは子をつくるため、優れた遺伝子を取り入れるために他なりません。本人にそのつもりがあろうが、なかろうが、です。

浮気が、子をつくることを目的としない、単なる遊びやアヴァンチュールだったとしたら、どうでしょう。ダンナにバレたとき、何ら正の遺産が残らないのです。ダンナとの関係はまずくなる。浮気相手の持つ、優れた遺伝子は取り入れていない。ではいったい何のための浮気だったのか、ということになるわけです。

だから、女が浮気するときには、相手の男の子どもができやすいように計る。よって負の準備であるマスターベーションを事前には行なわない、と彼は言うのです。

そして女はこの負の準備を、誰あろう、ダンナとのSEXの前に活用している、とも言うのです。もちろん無意識のうちに……。

どうです？　女のマスターベーションには、こんな深遠で複雑な意味が含まれていたのです。女に比べたら男は簡単明瞭。かわいいものです。

しかしながら、マスターベーションについて打ち明けるのが恥ずかしい、という気持ちですが……、そういう心理がどうして女には備わっているのでしょう。単なる恥じらいではないことは確かです。いや、たとえ女自身としては単に恥じらっているだけだとしても、その裏には確固とした意味が潜んでいるはずなのです。

女が、マスターベーションしているかどうかを恥ずかしがって語らない。すると、どういうことになるかと考えましょう。もちろん彼女のマスターベーションについての情報が得られない……。

そんな情報、必要ないですって？　とんでもない！

実は女は、男と違い、皆が皆マスターベーションするわけではないのです。数日おきというように、ある程度の間隔をおいてするわけでもありません。まったくしない女、たまにする女、しょっちゅうする女、と各人各様なのです。女のマスターベーション情報は、本当は凄く重要です。

だからもし女が、マスターベーションしているかどうか、するとしたらどれくらいの間隔か、ということを恥ずかしがらずにペラペラしゃべったなら、どうでしょう。それ

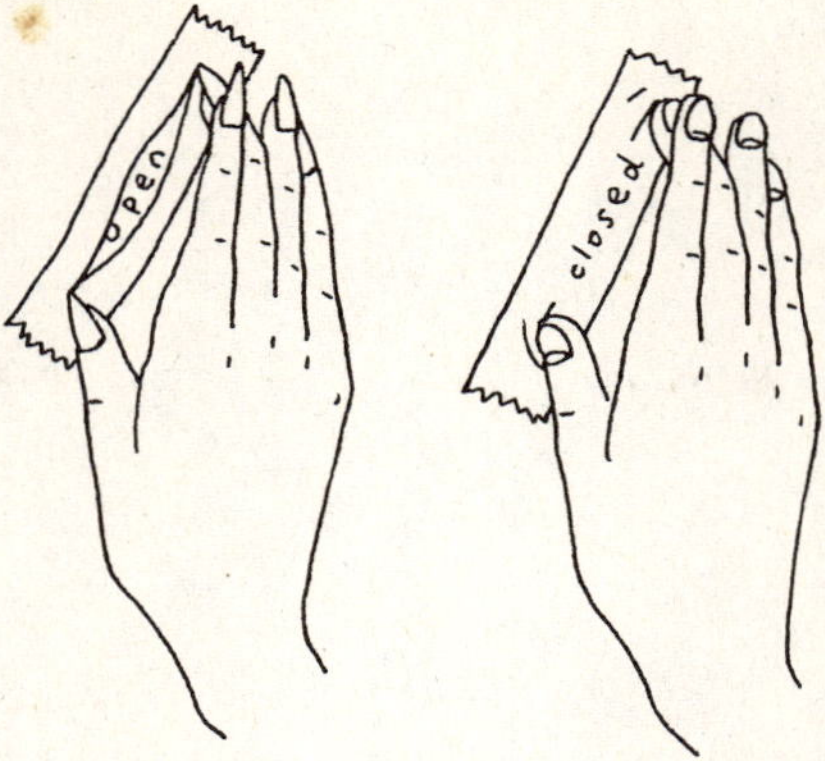

※女性の指先に見る戦略の違い。

は、せっかくの戦略や企みについて、自らすっかりバラしてしまうことになるのです。でも、恥ずかしくて話せないのなら、それは秘密のまま！

女がマスターベーションについて話すことを恥ずかしいと感ずる心を持っているのは、自身のマスターベーション戦略（まったくマスターベーションしないことも一つの戦略でしょう）を隠すためではないのか。そう私は考えているのです。

いや、マスターベーションに限りません。女はとにかく、自分の性的な傾向について語ることを渋ります。それは女が性の全般について各人各様の、オリジナルな戦略を持っているからなのでしょう。

戦略を隠す——。女はだてに「恥じら」っているわけではないのです。

あっ、それから、忘れるところでした。女のマスターベーションには、例の強い酸性の粘液によって膣を滅菌する、というれっきとした意味もあります。

ずばりセックスとは／女の浮気は罪が重い？

私は中三の女子です。
ずばり聞きたいのですが、セックスとはどのような行為なのでしょうか。主にどういうことをするのですか。本などでは一〇分で終わるなんて早いと書いてありましたが、要は女性の性器に男性の性器を入れるだけなのに、なぜ一〇分以上かかるのかわかりません。教えて下さい。

まず、女性の性器である膣に男性の性器、つまりペニスを挿入するという点はあっています（そのときペニスは膨張した状態でないとだめだということを知っていますよね？）。しかしその先についてはまだみたいですね。

スラスト。つまり男はペニスを前後にバッコン、バッコンと動かさなくてはいけないのですよ（太字の部分は試験に出ます）。これを何十回、何百回と行ない、男はようやく射精する。そのために一〇分以上もかかってしまうことがあるのです。

わかりましたか？　これが人間のＳＥＸです。

それにしても一〇分以上……言われてみれば確かにそうです。人間のＳＥＸは異例と言っていいくらいに時間がかかる。類人猿と比べてみましょう。

チンパンジー　七〜八秒
ゴリラ　一分〜一分半
オランウータン　数分（ときに二〇分間に及ぶこともある）

もゴリラはペニスがあまりに小さいために（三センチ）、挿入のタイミングを観察することが難しく、これは単に交尾姿勢を取っていた時間。交尾時間はこれより短いはずです。

オランウータンの例外的なケースを除けば、皆あっと言う間ではありませんか。しか

そして七〜八秒で終わってしまうチンパンジーの場合、スラストの回数はわずか三回から十数回。本当に〝三回半〟のこともあるのです。

なぜ人間の交尾時間は長く、スラストの回数も多いのか？

人間は捕食者に襲われる心配がないので、ゆっくりしていられる……。

すぐに終わると女に不満が残るから……。

それくらいスラストしないと、男は射精できないから!?

このコーナーではすっかりお馴染みのベイカー&ベリスは（これは第一章でペニスについてのご質問に対して答えたことと一部内容が重なりますが）こう答えます。

人間では男が射精する前に、まず前回その女に射精した男（自分のこともある）の精子を取り除く。つまり他ならぬペニスによって吸引し、掻き出す。そのため何十回、何百回もスラストするし、時間もかかってしまうのだ。人間の男のペニスは霊長類中最大だが、それは何を隠そう、吸引の能力を追求した結果。返しのついた不思議な形をして

いるのも、掻き出しという目的のためなのだ、と。

ちなみに男は元々、何十回、何百回とスラストしなくても射精できたはずです。しかし、それくらい行なってやっと吸引と掻き出しが終わる。そのためそれにあわせて快感の高まり方が調節されたということなのでしょう。

ベイカーらの説明は、もうこれ以上のものはありえないというくらいに完璧です。しかも我々の直感にも大いに訴える。掻き出し、吸引という観点に皆さん、大いに納得されるのではないでしょうか（男は掻き出しに、女は吸引に）。

そしてこの考えは、実は広く動物界を観察した結果にも基づいているのです。

カワトンボの中には、オスが返しのついたペニスを持っている種があります。ペニスにいくつもの「かぎ」と、無数の後ろ向きの剛毛が生えていて、これでもって前のオスの精子（といってもトンボの場合、束になった固まり状のものなのですが）を取り除く。しかる後に自分の精子を注入するのです。この様子は顕微鏡写真としてちゃんと捉えられています。

そして重要なことは、彼らがトンボとしては異例なくらいに交尾時間が長く、それはときに数時間に及ぶことがあるということです。つまり掻き出しのために時間がかかっている——。

人間のＳＥＸに時間がかかるのも、なるほど当然です。

私のまわりで結婚している何組かは、互いの浮気が原因で別れたりしています。しかしよくみると、夫の浮気に関して妻は許し、元のサヤにおさまっているというのに、女性が浮気すると離婚しているのです。どうしてでしょう？　これには何か、動物行動学的な理由があるのでしょうか。（三八歳、女）

結論から言いましょう。そんなの、あったり前です！

そもそも男の浮気と女の浮気。それらは何の違いもないものでしょうか。男が浮気した、女も浮気した、どっちも同じことをしたのだからおあいこね、などと言えるようなものでしょうか。

フェミニストたちは、こんなふうに言います。同じ浮気でも、女の場合の方が罪が重いとみなされる。おかしい。ダブル・スタンダード（二重基準）だ。

ダブル・スタンダードとは、小学館『ランダムハウス英和大辞典』（第2版）によると、「対象によって異なった規定を持つ道徳律や原則…特に、男性に対して女性以上に性的な自由を許している場合をいう」。

やれやれ……、男の浮気と女の浮気。実のところ意味はこんなにも違うのです。

男の浮気――。

まず相手の女にダンナ（パートナー）がいないとき。それは浮気と言うに値しないく

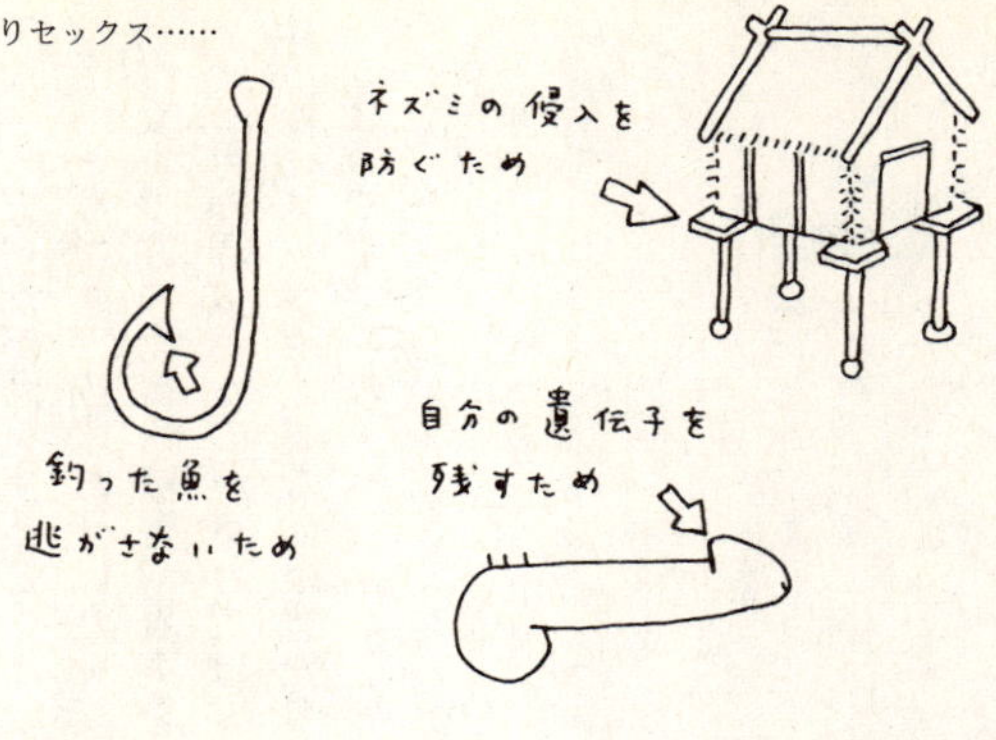
ネズミの侵入を
防ぐため
釣った魚を
逃がさないため
自分の遺伝子を
残すため

※カエシに見る様々な目的。

らいの行為だということです（相手の女にとってはまったく浮気ではない）。

女に子が出来たとしても、男が面倒をみればそれで済むこと。浮気というよりそれは、一夫多妻と考えるべきなのです。

多少迷惑を被る人物がいるとしたら、彼の本妻でしょう。何しろ本来自分と子どもたちに対してなされるべき投資の一部が、アカの他人に回ってしまうのですから。

では、相手の女にダンナがいる場合はどうなのか。

実はこれこそが男の浮気の神髄！　彼女に子が出来ても養育は、おそらくはその、何も知らないダンナが引き受けてくれる。自分の負担はゼロなのです。しかもこの場合、男の妻にしてみても被害額がゼロというところが（彼女の怒りを買わないという意味で）ポイントです。

ともかくこうしてわかるのは、男の浮気はそれがどういう形であれ、たいした問題ではないこと。男が浮気して子が出来たとしても、妻たる女に決定的な被害は発生しないということなのです。

一方、女が浮気すると――。

そうです。出来た子はたいていの場合、夫を騙して育てさせることになるということです。彼の物質的被害、真実を知ってしまった場合の精神的被害たるや……。

男の浮気と女の浮気とでは、事の重大さ、罪深さが何倍、何十倍も違っている。ダブル・スタンダードなのは当たり前！　女の浮気が原因で離婚に至るのは無理もないことなのです。

『風と共に去りぬ』に見る四角関係の謎　前編

？ 以前、映画『風と共に去りぬ』を観て不思議な感じがしました。なんであんな嫌な男と女が主人公で、感動の名作と言われているのでしょうか。主人公四人（バトラー、スカーレット、メラニー、アシュレ）の関係を動物行動学的に分析していただけませんか。（三五歳、女）

！ 『風と共に去りぬ』ねえ。実は私、この映画のヴィデオ（ワーナー・ホーム・ビデオ）を持っているんです。

とはいえ観ていません。最初の二十分間くらいでかったるくなり、観るのが嫌になってしまったのです。

なぜヴィデオを、それも借りるのではなく、買ったのかって？

まず単純に、私はレンタル・ヴィデオ屋からヴィデオを借りたことがない。借り方がわからない。だから買った。そして、この映画がネタになるかもしれない、買って、何回も観るべきものであるかもしれない、と思ったからなのです。

ある研究者は、この映画の終わり近くに「レイプ」に相当する場面があると言います。レット・バトラーとスカーレットの絡みで、普通のレイプとは違うのですが、この場面を女子学生たちに見せたところ、「これはレイプだ」と大多数が答えたというのです。

どういう場面なんだろう。是非とも観なくては……というわけでヴィデオを買った次第です。

でも、挫折。けれど、あなたのご質問で、またトライしようという気持ちになりました。これから観ます。ちょっと待ってて下さいね。

〜約四時間経過〜

なるほど……話が長い。そしてヒロイン、スカーレットの何と嫌な女であることか！

このお話を知らない方のために、まず簡単にストーリーを説明しましょう。

アメリカ、南北戦争の頃。南部の綿花農場主の長女、スカーレット・オハラは何不自由のない生活を送っています。彼女は、激しいと言おうか、奔放と言おうか、かなり変わった性格の持ち主で、パーティーで出会う男すべてに気があるように見せかけたり、平気でウソをついたり、ウソ泣きすらします。

そんな彼女が思いを寄せるのは、アシュレ・ウィルクス。紳士で、教養もある彼はスカーレットに気がないわけではありません。しかしそこは冷静に判断。彼は、イトコに当たるメラニーと結婚します。彼女はスカーレットとは対照的な、優しく、母性に満ちた女です。

やけを起こしたスカーレットは、メラニーの兄であるチャールズと当てつけの結婚。しかし幸い（？）と言うべきでしょうか、彼はあっさり戦場で死んでしまうのです。

そうこうするうち、戦況は南軍に不利に。アトランタの町を砲弾の嵐が襲い、スカーレットとメラニー、それに生まれたばかりのメラニーの赤ん坊はスカーレットの故郷、タラ農場を目指します。

戦火をかいくぐり、あまたの死体を横目に、メラニーと赤ん坊を守りながら、命からがらタラへ辿り着いてみると、すべてが略奪された後。母は一足遅れで亡くなっており、父は精神に異常をきたしている。そして妹たちは病床に。

けれど彼女は、へこたれない。この大地がある、と自ら綿花を植え、育て始めます。ところがそこへ多額の税金の支払い命令が……。戦争に勝利した北部人の陰謀で、払えないのを承知で要求。そうして農園を取り上げてしまおうという魂胆なのです。

金に困った彼女は、何と、妹の恋人を騙し、彼と結婚します。彼は戦後のドサクサに乗じて羽振りがよいのです。ところがこの二人目のダンナも、トラブルに巻き込まれ死んでしまう……。

さて問題のレット・バトラーですが、なぜか時々、スーパーマンのように現れてはスカーレットの危機を救います。アトランタから脱出する際に馬車を手配し、途中まで送ってくれたのも彼でした。

超遊び人の彼ですが、このじゃじゃ馬を落としてみたいものだ、とでも思っているんでしょうか、スカーレットを口説くことに情熱を傾けます。「俺たちは似た者どうしだ」と。

そして、彼女の二人目の夫が死んだところで彼らはようやく結ばれます。

ところがこの結婚さえも、スカーレットにとっては偽装に近い。彼女はアシュレに対する思いを依然断ち切ることができません。

そうしてラストでメラニーが死の時を迎えます。ここでアシュレの本心が、つまりメラニーなしでは生きていけないこと、彼にとって彼女に代わる者はいないということが明らかにされます。メラニーが死んでも事態が変わらないことを悟るスカーレット。

するとどうでしょう。彼女は素早く方針変更。レットに追いすがり、泣きながら、

「私が愛しているのはあなたよ　初めて分かったの」と言うのですが、何を言ってももう遅い。荷物をまとめたレットはさっさと出て行きます。大階段に泣き伏すスカーレット。

ところが、ここからがこの女の凄いところ。

「ええい、何としてもレットを連れ戻してやる！　あっ、でも、こういうことはタラへ戻ってゆっくり考えようっと」

てなわけでジ・エンドです（もちろん最後のセリフは私のアレンジ）。

何もかも無と化したタラへスカーレットが帰り着く、というのが前半のクライマックスです。唯一残された畑の大根をむさぼるようにかじった彼女は、拳を握りしめ、大地にしっかりと立ち、天を仰いでこう叫びます。

「神よ　ごらんください　私は負けません！　この苦難を生き抜き　二度と飢えはしません！　家族の誰一人も！　たとえ盗みをし　人を殺しても！　神よ　誓います　二度と飢えに泣きません！」

ヒント：その答えは風に吹かれている。

キャー、カッコいい！　強い！　たくましい！　新しい時代の女！　それまでのウソつき、ウソ泣きのスカーレットが帳消しになってまだ余ります。

なるほどねえ。こういうことなんだ。確かにこれは感動の名作。後半にはどんな感動が待ち受けているのだろう、と二巻目を観ました。

彼女は汗まみれになって綿花を育て、強盗には敢然と立ち向かい、銃で撃ち殺します。神に誓ったとおり。そこまではいい。

しかし、いくらタラを守るためとはいえ、妹の恋人を奪うことはないでしょうに（しかも彼を全然愛していない）。これじゃ、単なる妹いじめ。元のウソつきスカーレットに逆戻りです。

彼女はその後も、何ら人間的成長を遂げる様子はありません。そして最後の、アシュレに望みなし、とわかったときの素早い変節。

というわけで、あなたのおっしゃるとおりです。何でこの映画が不朽の名作と言われるのか、私にもさっぱりわかりません。

次に主人公たちの振舞いを動物行動学的に考えてみましょう。

『風と共に去りぬ』に見る四角関係の謎　後編

映画『風と共に去りぬ』の主人公二人（スカーレット・オハラとレット・バトラー）がどちらも嫌な奴で、何でこの映画が感動の名作と言われるかがわかりません。アシュレ、メラニーも加えた四人の関係を動物行動学的に分析して下さい。

（三五歳、女）

というご質問に、まずストーリーの説明と、単なる私の感想とを述べさせてもらいました。私もこの映画が、何で感動の名作、不朽の名作なのかさっぱりわからないのです。

さて次に、登場人物たちの行動や関係などを、動物行動学的に見てみることにしましょう。

まずレット——彼は全編を通じてスカーレットに求愛し続けます。これは彼自身も気づいているように、似た者に惹かれる、「アソータティヴ・メイティング」という現象でしょう。彼はスカーレットを口説くたびに、「俺たちは似た者どうしだ」を連発します。

似た者に惹かれると、どうなるか。そのことによってどんな利益があるのでしょう。

それは、ある戦略のために揃っている遺伝子のセットがあまり崩されず、次の世代にも有効に発揮される——この一語に尽きるのです。

Aという戦略のための遺伝子を揃えた男が、やはりA戦略の遺伝子を揃えた、似た者の女とつがったらどうでしょう。たぶんA戦略のための遺伝子をよく揃えた子が生まれます。その子は時には両親よりもなお強力に、そのセットを搭載していることでしょう。

しかしもしこの男が、Bという全然別傾向の戦略のための遺伝子を揃えた女とつがったなら……。

たぶん中途半端な戦略者が生まれるでしょう。どっちつかずの、どちらの戦略にも不向きな。

レットは何事にも大胆不敵、行動力に富み、気が強い。彼が、やはり大胆不敵、行動的で気が強い（おそらくは彼よりも強い）スカーレットに惹かれるのは当然です。彼が無意識のうちに行なおうとしているのは、自分たちにそっくりな、大胆で行動的な子を得ることなのです。

しかしそうすると、不可解なのはスカーレットです。彼女は「アソータティヴ・メイティング」の観点からすれば、レットに惚れて当然。ところが彼女が思い続けるのはアシュレ。教養豊かで、何事にも慎重で抑制的な紳士です。

けれども、マーガレット・ミッチェル原作の文庫版をペラペラめくると（何しろそれぞれ三百数十ページ、全五巻という長さなので）、少しわかるような気もします。映画ではカットされていますが、この二人は幼なじみ。スカーレットのアシュレに対する思いは、一朝一夕のものではないのです。

とはいうものの……幼なじみという関係には、ちょっと注意しなくてはならない点もあります。それは恋愛感情を妨げるものかもしれないのです。

そもそも人間には、いや、人間に限らず、家族として生活を送る動物では、近親交配を避けるための心理が進化しています。

たとえば、一緒に育った異性には、異性としての魅力を感じにくい、というもの。こうしてキョウダイ間の交配などが避けられます。

幼なじみも、育っていく過程で一緒に過ごした時間が長い。キョウダイに準ずるような関係です。そんなわけで幼なじみが恋愛関係に落ちることは少ないはず、と私は思うのです。

とはいえ、幼なじみの男と女がいったん日常的な付き合いが跡絶え、大人になって再会したりすると、今度はむしろ強く惹かれあうことが多いというような気もします。なぜなのか、わかりませんが――とここまで書いたとき、もう一度文庫をペラペラめくっていて発見しました。

ああ、やっぱり！

スカーレットとアシュレは、いったん三年間、離れている！　しかも再会したときにスカーレットに恋心が芽生えるのです。

「彼女は、成人するまでは、アシュレにそれほど心をひかれなかった。こどもの時分、しばしば彼を見かけたが、すこしも関心がなかった。だが、二年前、アシュレが三年間の欧州旅行をおえて故郷にもどり、そのあいさつにたずねてきたその日から、彼を愛するようになった。」（新潮文庫、『風と共に去りぬ』、大久保康雄・竹内道之助訳）

スカーレットのアシュレに対する思いの底には、まさにこの事実があったのです。

さて、それに対してアシュレとメラニーはイトコどうしです。このイトコという関係、これが曲者。

イトコというのは、確かに血縁者です。その意味では、交配を避けた方がいい。しかし、例のアソータティヴ・メイティングの観点からすると、傾向の似た、好ましい相手ということになります。

実際、鳥のウズラを使った実験で、こんなことがわかっています。

あるオスの、一緒に孵化し、一緒に育った姉妹、両親は同じだが、それ以前の繁殖で生まれた初対面の姉、イトコ、またイトコの子、という彼と様々な血縁関係にあるメスをケージに入れます。

ケージはこの実験用に特別に作ったもので、全体が八角形。八つの小部屋に仕切られていて、それぞれに一羽ずつ入れます。これを、オスが眺めつつ、巡回する。

こうしてそれぞれのメスに対するオスの好みの度合いを測るのですが、それは彼がいかに長くそのメスの前に立ち止まり、眺めていたかを目安にします。

すると、オスはイトコくらいの近さのメスに最も心惹かれる。彼女を大変長い間眺めているのです。オス、メスの立場を逆にしてもまったく同じ結果です。

ウズラはどうやらイトコが好き。その理由は、ある程度似た者を選ぶというアソータ

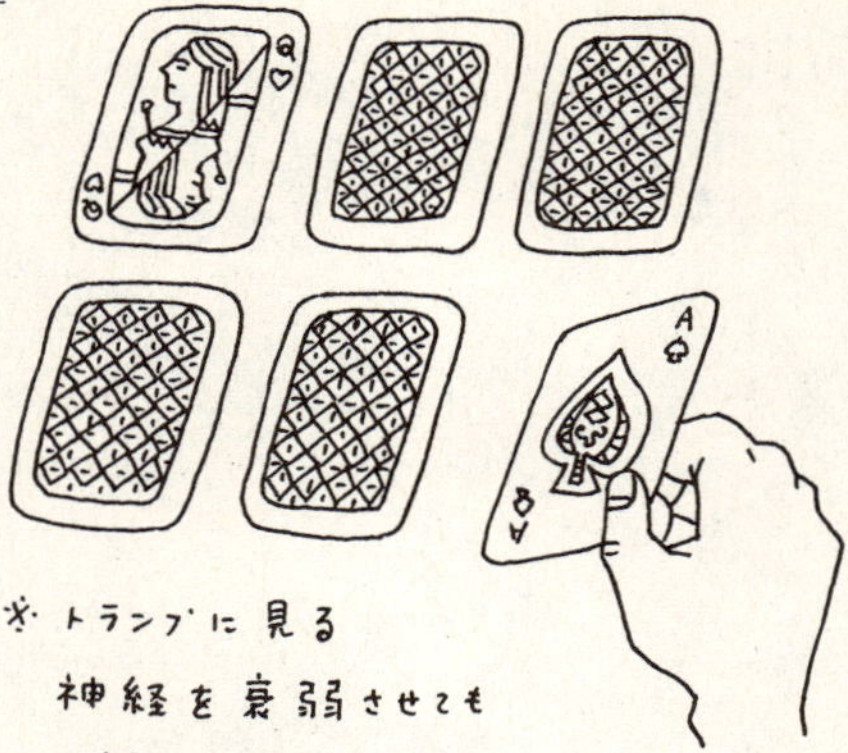
※トランプに見る
神経を衰弱させても
一緒になれない例。

ティヴ・メイティングにあるようなのです（ちなみに、イトコは近親交配の弊害の出にくい、最も近い血縁者という絶妙の存在です）。

アシュレとメラニーは、これと同じような意味の固い絆で結ばれているのかもしれません。

この映画には「レイプ」に相当するような場面があります。

依然としてアシュレに思いを寄せるスカーレット。酔ったレットが、彼女を強引に抱きかかえ、大階段を駆け登ります。その先のシーンはないのですが、どう考えても行き先は寝室。「あっ、これはレイプだ」とその瞬間思いました。

でも、そのすぐ次のシーン、つまり翌朝、スカーレットがベッドの中で上機嫌で鼻歌を歌っているシーンを見たとき、「ああ、作者は、男と女の関係についてよくわかっているなあ」と思ったのです。

これはレイプであって、レイプでない。どこからがレイプで、どこまではレイプでないという境界をつけることは難しいのです。現実のパートナーの間では。

結婚するとその気が失せるのは／子どもを産まないお局様

結婚前は凄くしたいのに、結婚するとちっともその気が起きなくなる。と、よく言います。実際、この私がそうです。別に妻に対する愛が消えたわけではありません。何となく面倒くさいだけです。男は結婚すると、どうしてこんなふうに心境に変化が起きるのでしょう。（三二歳、男）

ＳＥＸはたいていの場合、繁殖のためならず！　ＳＥＸの頻度と愛の深さとは、関係ない。

皆さん、この二つの事柄をよく肝に銘じてください。

そもそもＳＥＸとは（特に男にとっては）何のために行なうものでしょうか。

子を作るため？

それもあるでしょう。

愛しているから？

そういうことも、あるでしょう。

でも、精子とは、そのすべてが受精の役割を持っているわけではない。むしろそうではない場合の方が多いということを思い出してください。

第一章でお話ししたように、一回に何億と放出される精子のうち、大部分は他の男の精子と戦うための「戦争係」。「受精係」はわずか数百万にすぎません。

つまり、この事実一つを取ってみても、SEXの目的の第一が、卵の受精ではない、たいていの場合それは、他の男との、精子を介した戦争である、ということが窺えるのです。

男にとってSEXとは、他の男の精子と戦うために自分の精子を送り込むこと、自分の分身である精子という兵士を送り込む行ない、と言うこともできるのです。

とすればそういうSEXを、いったいどういう状況ではよく行なうべきでしょうか。

そうです。女が他の男と浮気している可能性の高いとき、つまり自分と別行動しており、よくガードできなかったときなどです。

結婚前というのは、男女は別々に住んでいることが普通です。男にとって女のガードは甘い。だから、頻繁にすべし！　なのです。

ところが結婚し、同居すれば、ガードは（少なくとも夜の間のガードは）万全。ゆえに、それほど頻繁に自らの分身を送り込む必要はない、ということになるのです。

結婚するとやる気が失せるということの背景には、こういう事情があるのです。愛が消えたわけではありません。

いや、それどころか、男が結婚してなお、結婚前と同じくらいに頻繁に行なうとしたら……。それこそ妻をひどく疑っている証拠ではないでしょうか！

そんなわけで、男が結婚してやる気が失せるのは当たり前。そして愛とSEXの頻度とは関係ない、と私は考えています。

お局様は、なぜそこそこ美人なのか？

OL時代いくつかの職場を経験しましたが、必ずいたのがそこそこ美人でスタイルもいいお局様。選びすぎなければ、とっくに結婚して小マダムにでもなっていたような人たちばかりでした。何が彼女たちをして、若いコをイビるしか楽しみのないお局OLにさせてしまったのか教えてください。（三〇歳、女）

その昔、「お局様」という言葉がまだなかった頃、職場などの年長の独身女は、「オールドミス」（または「ハイミス」）と呼ばれていました。

子どもの頃の私は、「オールドミス」というのはきっと、よほどのブサイクとか、性格の悪い女に違いない。何せ嫁のもらい手がないわけだから……。

としごく単純に考えていた。

ところが大人になって「オールドミス」を観察してみると、大違い。彼女たちはブサイクどころか、かなりいい女、きらりと光るいいものを持った素敵な女たちなのです。

彼女たちは嫁のもらい手がなくてそうなったんじゃない。自ら望んで独身の道を歩んでいるようなのです。

考えてもみれば、です。男があぶれることはあっても、女があぶれるということはないのです。

女は、子を産むにしろ、その数には限りがある。同じ産むなら質のいい子を産みたい。そこで男をかなり厳しく選びます。

ところが男の側にはそういう事情はない。男は条件さえ揃えば無限と言っていいくらいに子をつくることができる（逆にゼロのこともある）。男としてはとにかくチャンスをつくること、OKしてくれる女を探すことです。そのとき、あまり厳しくは女を選ばないことが大事（厳しくしていると、せっかくのチャンスを逃してしまいます）。

そんなわけで男と女では話が違う。男は女の厳しい基準にはずれ、時に一人寂しくあぶれてしまうことがあるが、女はそうではない。自分さえOKすれば、相手もたぶんOK。よほど選り好みしない限り、女にパートナーが見つからないということはないのです。

「オールドミス」、あるいは「お局様」は、男からのオファーがないのではない。敢えて独身の道を選んでいるのです（その直接の動機は、彼女の厳しすぎる基準を満たす男がいないだけのことかもしれませんが）。

でも、何のために？

動物たるもの、自分の遺伝子を残さなくては、生きて行く意味がありません。ところがお局様は繁殖しない。いや、繁殖しようと思えばいくらでもできる。それなのに、敢えてしない。どうしてでしょう？

ここで我々は、少し発想を変えなければなりません。

生物は、自分で繁殖するだけが自分の遺伝子を残す道ではないということです。

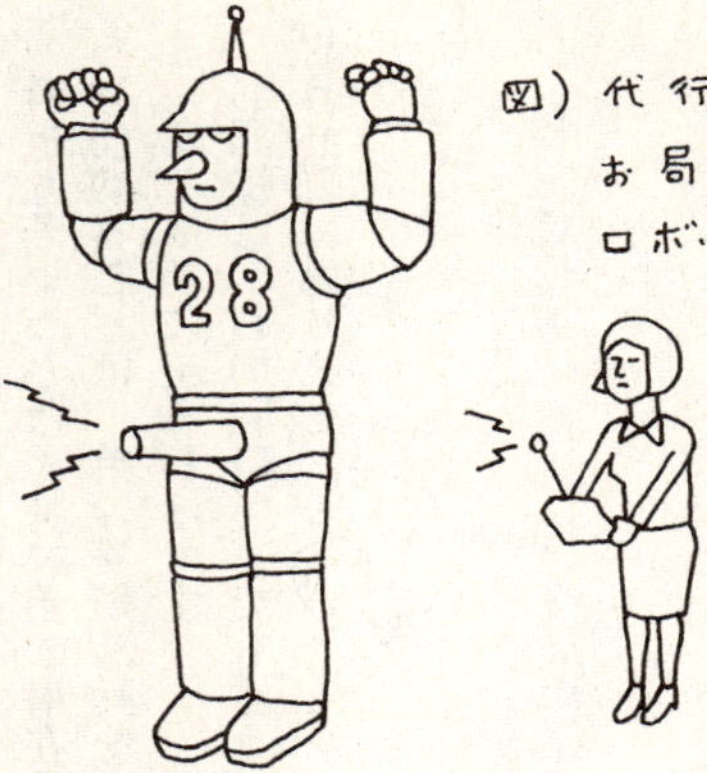

——血縁者。

血縁者には、その血縁の近さに応じ、自分と共通の遺伝子が載っています。つまり自分が直接繁殖しなくても、血縁者を通じ、自分の遺伝子のコピーを残すことができるのです。特にその血縁者が、物凄く子を残せるタイプであれば……。

ここでお局様が、そこそこ美人であったり、きらりと光る人物である、ということがポイントになるかと思います。

つまり、かのお局様には、ハンサムな、モテるタイプの男の血縁者がいるはずなのです（特に弟）。女と違い男は、モテる場合には無限に子を残す可能性を秘めています。となれば、自分では繁殖せず、彼に繁殖を代行させる。自分はその応援係に回る、という方がよほど得策になるでしょう。

お局様とはこういう女なのです。ただ、その応援の仕方とは……。

それが職場の若いコをいじめる、いや、若いコの上に君臨し取り仕切る、ということではないでしょうか（彼女はおそらく、職場以外の場でも若いコを取り仕切っているはずです）。

身近な若いコとは、特に弟の潜在的な繁殖相手と考えることができます。その彼女たちを仕切ることは、弟の繁殖活動をバックアップすること。こうしてお局様の計画は、まんまと成功に至るわけです。

お局様は〝お局戦略〟とでも言うべき繁殖戦略によって生きる女。可哀想だなんて、思う必要はありません！

薬指を見ればわかる！

？　第一章のお話によると、左右の指の長さに違いの少ない男、つまり指のシンメトリーな男ほど、精子の数が多く、泳ぐ速さなど精子の質もいい。そこから発展して、薬指に対する人差指の長さの比が小さい、つまり相対的に薬指の長い男ほど、男性ホルモンの一種であるテストステロンのレヴェルが高い。そして精子の数も多く、質もいい——ということでした。私も男の指には大変関心があるので、そうだったのか、と驚いているところです。男の指について、もっとわかっていることがあったら教えて下さい。（三九歳、女）

A！　この指の研究を行なったのは、イギリス、リヴァプール大学のJ・T・マニングらですが、彼らの研究には、実はまだ続きがあるのです。

一つは、薬指が相対的に長い男は、うつ傾向にあるということ。

指の長さの原型は胎児期に決まります。驚いたことに、男の胎児は既に一丁前に睾丸を持っており、そこからテストステロンを分泌しているのです。そのときテストステロンのレヴェルが高いと、テストステロンに薬指を伸ばす働きがあるので、薬指がよく伸びます（だから件の、相対的に薬指の長い男がテストステロンのレヴェルが高いという話は、正確には、相対的に薬指の長い男は、胎児期にテストステロンのレヴェルが高かったはずだ、という意味なのです。ただ胎児期にどうだったかなんて今さらわからないし、胎児期のテストステロンレヴェルの高低は、現在の状態とだいたい対応しているはず。そこで現在のレヴェルで考えて差し支えない、ということになるのです)。

ともあれ胎児期にテストステロンレヴェルの高い男は、まずそのことで薬指がよく伸びます。しかし同時に、後にうつ傾向になるというおまけもくっついてくるのです。テストステロンが、うつという心や脳の問題とどう関わっているのかわかりませんが。

マニングらの研究の続き。もう一つは、胎児期にテストステロンのレヴェルが高かった男は、音楽の才能に恵まれていることが多い、ということです。

テストステロンは右脳を発達させることがわかっています。音楽の才能が右脳に関わっていることもわかっています。だから胎児期にテストステロンレヴェルの高かった男は、音楽の才能に恵まれている傾向にあるというわけなのです。

私はこの二つの現象から、即座にあることを思いつきました。

うつと音楽の才能について、です。

うつと音楽の才能とは、いずれもその原因の一つが、胎児期のテストステロンレヴェルの高さにあります。そこで人は、これらの現象をセットとして持っていることが結構多いのではないでしょうか。

ミュージシャン、特にロック系のミュージシャンが酒に溺れ、ドラッグで身を滅ぼす例は枚挙にいとまがありません。それは、精神的な弱さであるとか、単にだらしない、創作の苦しみや人気稼業ゆえのプレッシャー、ロックが酒やドラッグと近い関係にあるからだ、などと解釈されがちです。

そうではないのではないか。

音楽の才能のある人は同時にうつ傾向にあることが多く、その苦しみのために酒やドラッグに走ってしまうのではないか、と思ったりするわけです。そんなわけで、ミュージシャンのドラッグ使用について、ただ、けしからんと言うのは気の毒のような気がします。

さてこの、薬指、うつ、音楽……というといずれもテストステロンが絡んだお話ですが、もう一つ、すぐさま気づくことがあります。

ミュージシャン（但し、男）は薬指が長いのではないか、ということです。もちろん相対的に長いのでは、という意味です。

私はこのことに気づいてからというもの、ミュージシャンの指が気になって、気になって仕方ありません。

たとえばクイーンのギタリスト、ブライアン・メイ。彼は私好みの非常に長くて美しい指ですが、これが適当な写真がなくてよくわからない。何しろギターのプレイ中は指は曲がっています。しかし薬指は長いはずであると思いたい。あの指の美しさからすれば……。

同じくクイーンのフレディ・マーキュリー。うーん、これが何とも微妙なのです。少なくとも薬指が凄く長いということはない……？

テストステロンレヴェルと影絵の変化。

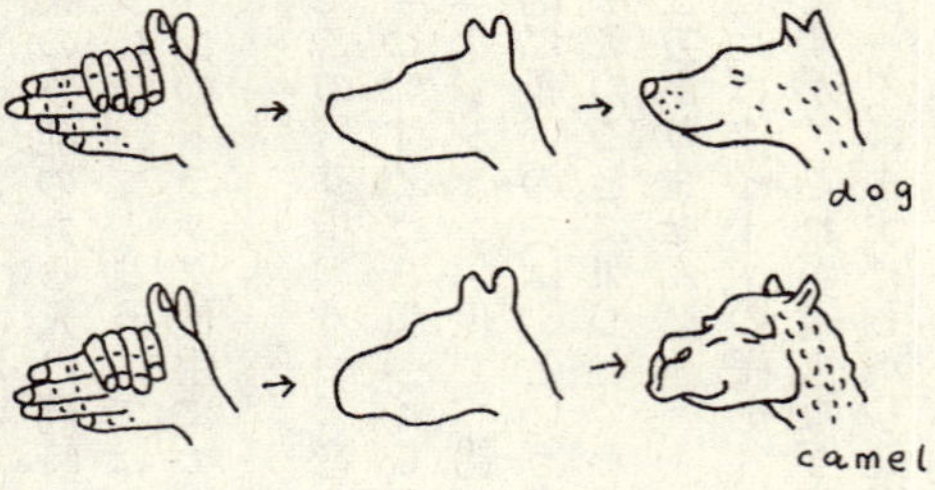

上図）テストステロンレヴェル低い。
下図）　〃　　　　　　　　高い。

それにしてもマニングが、この、ミュージシャンは薬指が長いということについて研究してくれたらいいのになあ、やってくれないかなあ、いや、絶対やってくれるはずだ、と思っていたら、さすがです。やってくれました。

彼が調べたのは、イギリスの交響楽団、ブリティッシュ・シンフォニー・オーケストラのメンバーです。男五四人、女一六人の計七〇人。

まず男五四人の、薬指に対する人差指の長さの比を測ると、左手については、平均で〇・九六、右手についても同じく、〇・九三です。

これが対照群（コントロール）の、いわゆる普通の人々になると、前者が〇・九八、後者も〇・九八です（男の場合、そもそも薬指の方が少し長いのです）。

あまり大した差じゃないじゃないか、と思われる方もあるかもしれませんが、これは凄い差なのです。そもそも楽団員のなかには、対照群（コントロール）の平均である〇・九八よりも値の高い男は一人もいなかった（つまり人差指と薬指の長さがほぼ同じとか、人差指の方が長いという男はいなかった）。

そして統計的にみても凄い。これは、もし偶然だけが原因なら、万に一つ起こるかどうかというくらいの現象です。れっきとした原因があるからこそこうなっている、それは彼らがミュージシャンで、音楽の才能に恵まれているからなのだろう、ということになります。

こういう差は女の楽団員と一般の女との間では現れませんでした。ちなみに女は、この比が平均で一・〇〇、つまり人差指と薬指はほぼ同じ長さです。

これで音楽の才能のある男は薬指が長いということがわかりました。ところがマニングは、私が予想だにしなかった、こんな驚くべき研究まで行なっています。

この交響楽団のヴァイオリン担当の一四人の男について、そのランク（つまり、第一ヴァイオリンとか、第二ヴァイオリン）と彼の指の長さの比を比較します。

すると……、おわかりですよね。

ランクの高い男ほど薬指が長かった！

もっとも、薬指の長い男はテストステロンのレヴェルが高いので、そのために攻撃性も高い。よって楽団内でのポジション争いに勝利しやすいという可能性もある、と彼は言っているのですが。

女は男を評価する　ミュージシャン編

私の友人に、そんなにカッコいいわけでもないのに、ミュージシャンだ、というだけでやたらモテる男がいます。なぜ、ミュージシャンは特別モテるのか。音楽がどうしてそんなに重大問題なんでしょう。（二九歳、男）

この世で一番信頼できる評価。それは若い女による評価である。彼女たちがキャーキャー言って興奮し、絶賛を送るもの、それこそが本当に優れたものだ。

私はこの考えに絶対の自信を持っています。一度だって迷いを感じたことはありません。

なぜ若い女の子の評価が優れているのか。それはメスというものが、一貫して評価する側、つまりオスの資質、遺伝子が優れているかどうかを見極める側に立っているからなのです。

なぜ見極める側かと言えば、メスには産むことのできる子の数に限りがある。となれば相手のオスの質を見極め、できるだけ質のいい子をつくらねばならないという確固たる理由があるからなのです。これは動物界のほぼ全体を貫く大原則です。

メスのこの見極めには、実にシビアーに自分の遺伝子の存続というものがかかっています。

選択をしくじり、自分にとって若干まずい遺伝子を取り入れたとしましょう（「まずい」とは、常識的な意味での「まずい」とは大分違います。相手が酒や博打にうつつをぬかす遊び人であっても、その遺伝子は「まずく」ない場合もあります）。一代や二代はそれで通用するかもしれません。しかしやがてはそのまずい選択が仇となり、子孫は先細りとなる。だからそのまずい選択の仕方自体も、次代に伝わりにくいわけです。

そういうわけで現在女が持っている評価の能力、本物を見極める力というものは、十分に淘汰され、洗練されたものです。そんなことにいったいどんな価値があるのかというような些細なこと、アホみたいなことであっても女が評価する以上、それは本物、遺伝子の優秀さを表わすものなのです。

特に若い女の子の場合、今まさにその力を最大限に発揮しなければならない時期にある。当然、感度もバッチリの状態になっているはずなのです。

女の子がキャーキャー言って興奮する対象、それはあなたもおっしゃるように、何と言ってもミュージシャンです。

音楽と男の資質？　遺伝子？　それがどう関係するんだ、とお思いでしょう。これが大あり！

そもそも歌がうまいとか、楽器をうまく演奏するためには、元々の才能が必要なことはもちろんですが、まず発声器官など体がしっかりつくられていなければなりません。

神経系も発達していることが重要です。

この、体の器官や神経系の発達を妨げるものとしては、何を置いても寄生者（パラサイト）が考えられます。つまり、歌のうまさや楽器演奏の見事さは、一つには寄生者（パラサイト）という、体の器官や神経系の発達を妨げるものに打ち勝ち、きちんとそれらを発達させたという免疫力の証です（それは結局は遺伝子の優秀さにつながる）。

実際、鳥のオスの歌などは、ほとんど彼の免疫力を表わすことがわかっています。メスは歌を評価することでそのオスとつがうかどうかを決める。そして彼とつがった後にもう一度オス選びをする際には（要するに浮気の場合）、もっと厳しく歌を評価します。ダンナより冴えないオスと浮気してみても、浮気というリスクを冒す意味がないからです。

歌で勝負する鳥として、オオヨシキリの例を見てみましょう。

オオヨシキリの〝いい男〟の基準は、いかに歌のレパートリーが広いか、持ち歌が多いかということにあります。もちろん歌のうまい、下手もあるでしょうが、この鳥では持ち歌の多さが物をいいます。そしてメスが浮気をする際には、一つの間違いもないくらい、ダンナより持ち歌の多いオスを選んでいます。

スウェーデンのD・ハッセルキストらの研究によると、あるメスのダンナの持ち歌は三四曲（正確には曲ではなく音節）なのですが、彼女が浮気した相手のオスのそれは三八曲でした。

別のメスの場合、ダンナ四三曲に対し、浮気相手は四五曲。

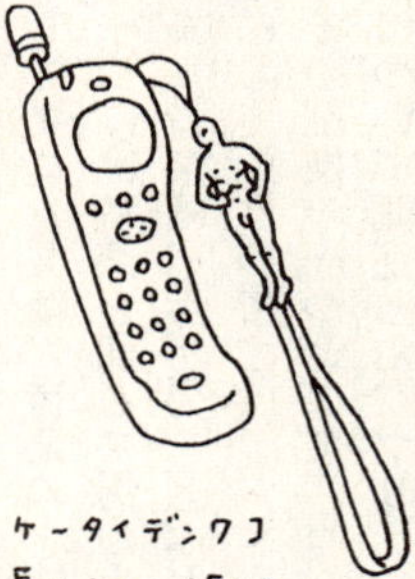

また別のメスの場合、ダンナ二七曲に対し、浮気相手は四一曲。

こうしてオオヨシキリでは持ち歌の多いオスほど浮気相手としてよくご指名がかかり、よく子孫を残す。結局、オオヨシキリのオス自体が歌のレパートリーの多さを、特に浮気を通じて進化させることになったのでしょう。メスはメスで、歌の鑑賞力、曲のレパートリーの多さを判断する能力を進化させてきているはずです。

人間の場合も、大筋においてこれとそう変わることはないと思います。音楽の能力が（特に男において）こんなふうに進化してきた。片や女は主に鑑賞の能力を進化させてきた。つまり音楽は、女が男を選ぶという性淘汰の過程を経て進化した――。もちろんこういう過程を経るうちに、音楽そのもののレヴェルもアップしてきているはずです。

この音楽の進化という問題ですが、お馴染みの指研究の大家、J・T・マニングはこんなふうに説明しています。それは私などが考えている、寄生者（パラサイト）、あるいは神経系を含めて体がいかにしっかりと出来ているか（これはシンメトリーという概念ですが、詳しくは次のセクションで説明します）という観点と半ば重なり、半ばずれる、生殖能力という視点からです。

胎児期に男性ホルモンの一種であるテストステロンのレヴェルが高い。すると男は、右脳が発達し、音楽の才能に恵まれることが多い、ということについては既に触れました。

これを裏返せば、こういうことになります。

音楽の才能がある男は、右脳が発達している。ということは彼は胎児期にテストステロンのレヴェルが高かった。そして今も高い。すなわち彼は、精子の数が多く、質もいいなどの生殖能力に優れた男である――。

こうしてマニングは、音楽の才能を発揮することは、生殖能力の誇示に他ならない。女は、一つには音楽を通じて男の生殖能力を測り、その遺伝子を取り入れようとしている。つまり音楽は、女が男を選ぶという性淘汰を通じて進化してきた、とやはり性淘汰を問題にしているのです。

彼はその証拠の一つとして、コンサートに来ている客を挙げています。例の、メンバーの指について測定した、ブリティッシュ・シンフォニー・オーケストラのコンサートに来た客について調べます。

最前列から四列目までの、しかも中央の大変いい席のチケットを得、コンサートを鑑賞した客と、中央であるものの後ろの方の四列で聴いていた客について比較するのです。

すると前者では女が六九パーセント、男が三一パーセント、と圧倒的に女が多い。ところが後者では、女五一パーセントに対し、男四九パーセント、とほぼ半々です。

音楽とは、男が披露し、女が評価する。どうもそのような仕組みになっているようです。

女は男を評価する　スポーツマン編

ミュージシャンがよくモテるといいますが、モテると言えば、スポーツマンもミュージシャンと互角でしょう。スポーツマンがなぜモテるか、スポーツとはいったい何なのか、ご意見をお聞かせ下さい。（一九歳、男）

そうです。まったくその通りです。スポーツマンもモテます。しかも女の子の反応は、ミュージシャンの場合とまったく同じで、悲鳴を上げるくらい激しく、熱狂的なものです。バレーボールの試合中など、選手のアタックごとに悲鳴が上がります。

スポーツマンがなぜ女の子をキャーキャー言わせるのか。

まず考えられるのは、シンメトリーという観点からのものです。

この、「シンメトリー」ですが、ここ一〇年くらい動物行動学の分野を席捲（せっけん）した概念で、やや先走って物を言いますと、要するにメス（女）は、何はさておきシンメトリーなオス（男）を求めている、と言っても過言ではないくらい決定的なことです。

動物行動学で言う「シンメトリー」とは、世間で言う「シンメトリー」とは若干違い、こういう意味です。

体のなかには手や足、目や耳など左右で一対になっているパーツがある。それらは本来、完全に左右対称に発達すべきなのだが、誰でもほんの少しだけ、長さなどに左右で違いがある。それはちょっと見たくらいではわからないほどの微妙なもの。

ただ中にはこの、ほんのちょっぴりの違いというものがより少なく、より完全なシンメトリーに近い個体がいる。こういうふうに完全なシンメトリーに近いことを、「シンメトリー」と呼んでいるわけです。

しかもシンメトリーかどうかが問題になるのは、もっぱらオス（男）の方です。シンメトリーな発達を妨げる原因として考えられるもののうち、最も大きな力を持つのは寄生者（パラサイト）、つまり細菌、ウイルス、寄生虫など、自身では生きていくことができず、他者に寄生して生きていこうとする生物たちです。要は病原体です。だからシンメトリーなオス（男）はこれら病原体に打ち勝った、優れた免疫力の持ち主ということになります。この、免疫力こそが生物にとってのすべてと言っていいくらいに重要なのです。メス（女）は免疫力の優れたオス（男）を選びたい。しかし免疫力自体や、優れた免疫力の現れである、体のシンメトリーを見抜くことは困難です。そこで何らかの手掛かりをもとに見抜くことになります。人間では既に、匂いのよさ、顔のよさ、筋肉質の体などがそうであることがわかっていますが、スポーツの能力もその一つではないかと私は思うのです（もっとも筋肉質であることとスポーツの能力とは一部で重なりますが）。

そもそも体がシンメトリーに出来上がっていると、まずそのことでスポーツがよくできるはずです。何しろ体が〝正確〟に出来ているのですから。

それに体がシンメトリーであることは、単にシンメトリーであることに留まらず、体が、神経系も含めてしっかりと出来上がっていることをも意味します。こういうことからもシンメトリーな男はスポーツが得意だということができるはずです。

実際、指の研究でこのコーナーにもよく登場しているJ・T・マニングは、人間ではなく馬で、この仮説を検証しています。

彼は一九九四年、イギリス競馬界で活躍するサラブレッド七三頭について、体のシンメトリーとその馬のレイティングについて調べてみました。

レイティングというのは、いわゆるハンデ師がつける馬の評価で、彼らの走る能力を表わします。

体のシンメトリーについては、まず前足について四カ所、左右の各部分の長さや膝の太さを測ります。そして顔について六項目、つまり耳の長さ、歯（上の一番前の切歯）の長さと幅、鼻孔の幅、頬の骨と耳との距離、頬の骨と口との距離をそれぞれ左右で測ります。

測定に使うのは、細かい所についてはカリパス（ノギスに似た計測器）、その他の部分については巻尺です。

後ろ足をどうして測らないのか、という疑問が湧きますが、彼らによれば、

「後ろ足はよく動くので測定誤差が出る」

のだそうです。

ともかくその馬のレイティングと体のシンメトリーとの間には強い相関があったので

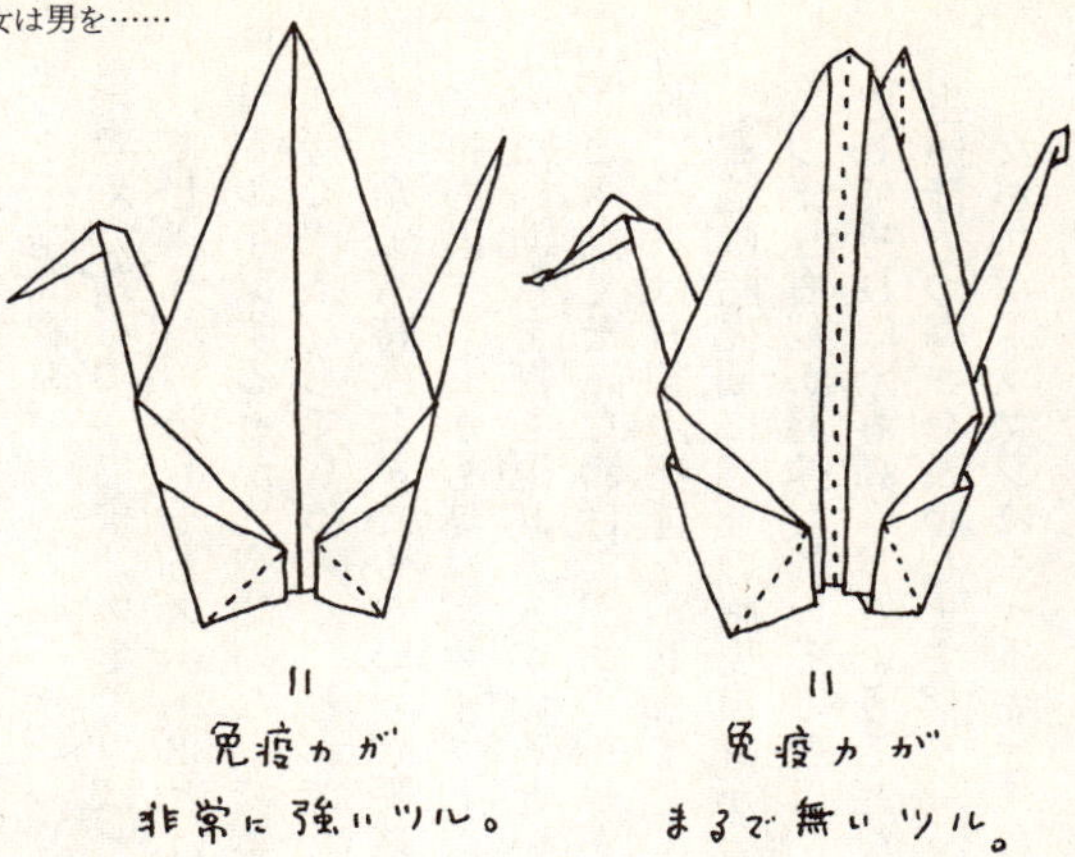
免疫力が
非常に強いツル。
免疫力が
まるで無いツル。

す。

　即ち、シンメトリーな馬ほどよく走る！

　しかも、最も強い相関が出たのは、走ることに直接には関係のない、顔に関してでした。つまりシンメトリーな馬ほどよく走るというのは、脚など、走るためのパーツがシンメトリーに出来ているのでよく走るというよりは、体全体が神経系も含めてしっかりと、正確に出来上がっていることによってよく走る、と考えた方がよさそうです。

　スポーツマンは体がシンメトリーで、神経系を含めて体をしっかり発達させている。それは取りも直さず免疫力が強いことの証。免疫力と言えば動物にとって最も大事なこと。そこで女の子は彼らにキャーキャー言う、ということになります。

　さて、もう一度問いましょう。スポーツマンになぜ女の子がキャーキャー言うのか。

　そのもう一つの説明が、右脳。またしても右脳の発達という観点からの説明です。

右脳に深く関わる能力として、空間認識の能力というものがあります。

……空間認識。

考えてみるに、です。スポーツほど空間認識の能力が問われる分野も珍しいのではないでしょうか。そもそもスポーツとは、何らかの目的のために（相手を倒すとか、単にゴールインするとか）空間のなかで素早く自在に体を動かしていくという行動です。

特に球技なんてものには、とんでもない空間認識の能力が要求されます。

なかでも特にとんでもないのが野球。百数十キロのスピードで飛んでくる球を木の棒で打ち返す。しかも球は、カーブしたり、内外角へそれたり、としばしば変化する。だいたいあれを打ち返せる人がいるというだけでも私は感服します。

ともかくそんなわけで、スポーツができるということは空間認識能力が高いことの現れ。それは右脳の発達を示します。

右脳は胎児期に、その胎児自身が分泌するテストステロンの働きによって発達します。

つまり右脳が発達していることは、胎児期にテストステロンのレヴェルが高かった、そしてそれは今も高い、ということなのです。それは精子の数が多く、質もいいなどの生殖能力の高さを表わします。

女がスポーツマンにキャーキャー言うのは無理もないことだったのです。

女は男を評価する　お笑い芸人編

人気お笑いコンビ、NNのOがやたらモテています。しかも彼にラブコールを送るのは〝魔性の女〟、Hを始めとする飛び切りのいい女ばかり。「そんなはずはない。ジョークか、本命の男を隠すためのダミーだろう」最初はそう思っていたのですが、どうもそうではないようです。彼女たちは大マジです。背も高くなければ（はっきり言って低い）、顔がいいわけでもない（はっきり言ってサル顔である）。スポーツが特にできたり、音楽の才能があるわけでもない。そんな彼が、どうしてこんなにめちゃめちゃモテるのでしょう？（二二歳、男）

うー、これは……。各方面の方々から非常によく訊かれるご質問です。彼がなぜモテるのか。現代社会にはまだまだ解けない謎が残されているようです。

　私がこれまでお答えしてきたのは、たとえばこういうものです（はっきり言って彼がモテる理由はこれ以外に考えられません）。

　それは面白いことを言って人を笑わせられるから、つまり頭がいいからではないのか。

　そもそも人を笑わせることほど難しく、頭の良さが問われる分野は他にありません。お笑いの世界では、単純にＩＱテストで測られるような能力以上のものが要求されるでしょう。

もちろんO以外にも頭のいいお笑いタレントはいっぱいいる。しかし彼の場合、その小ささがペット的魅力を放っている。それゆえお姉様に人気なのではないか、と。

とはいえ……とこの頃思うのです。そもそも男の頭がいいことが、しかも飛び切りいいことが、女にとってそんなに重要だろうか。

もちろん頭は、悪いよりはいいに越したことはない。重要ではないとは言いません。しかしそれが、人間の存否に関わる重大問題につながるかというと、そうではないでしょう。飛び切り頭がいい人は頭の良さゆえに命を落とさずに済んだ、片や、普通の頭の人は死んだ、などという局面が、人の一生のうちにそうあるとは思えません。

そんなわけで、です。Oがモテるのはその面白さゆえであることは確かだが、面白いことを言うということの本質は、単なる頭の良さとは別のところにある（もちろんそれは脳の問題に違いないのですが）。それこそが人間の存否に関わる重大問題につながっており、その点を女は評価している。最近ではそう考えるようになったのです。

人を面白がらせたり、笑わせる。それはいったい脳の中のどういう仕組みによってできうることなのでしょうか。さすがにまだそこまではわかっていません。しかし大変興味深い事実がわかっています。

アメリカのW・ワプナーらは、右脳に損傷を負った患者一六人と対照群（コントロール）の人々に対して、こんな実験を行ないました。

あるジョーク（ジョーク本体）に対し、四タイプのオチを示し、正しいオチはどれかと選ばせます。
　四タイプというのは、
⑴正しい、面白いオチ
⑵ストレートで、面白くないオチ
⑶悲しい、哀れを誘うオチ
⑷ジョーク本体と全然関係ないオチ
　です。こういうジョークを全部で一六用意します。
するると、右脳に損傷のある患者は、然るべきオチを選ぶことが難しい。その代わり、ジョーク本体と全然関係のない、タイプ⑷のオチを選ぶことが多かったのです（対照群の人々の三倍の頻度で）。なぜかはわかりません。
　右利きの人の場合、言語を司っているのはまず間違いなく左脳です。言語はまず左脳で処理されます。しかしその処理とは、平面的で無味乾燥、それじゃ、そのまんまやないか、という実につまらないものなのです。
　これに右脳の処理が加わる。すると初めて、感情的な部分で理解され、話の全体像が把握され、空間認識もなされるのです。
　そしてこの研究によると、ジョークやユーモアという、論理が普通とは違う、いささかぶっ飛んだ世界を理解するためにも、右脳の働きが必要であるとわかります。
　実際、右脳に損傷のある患者に、ゾウが木に登っているマンガを見せると、
「なんでゾウが木に登るんだ。おかしいじゃないか」

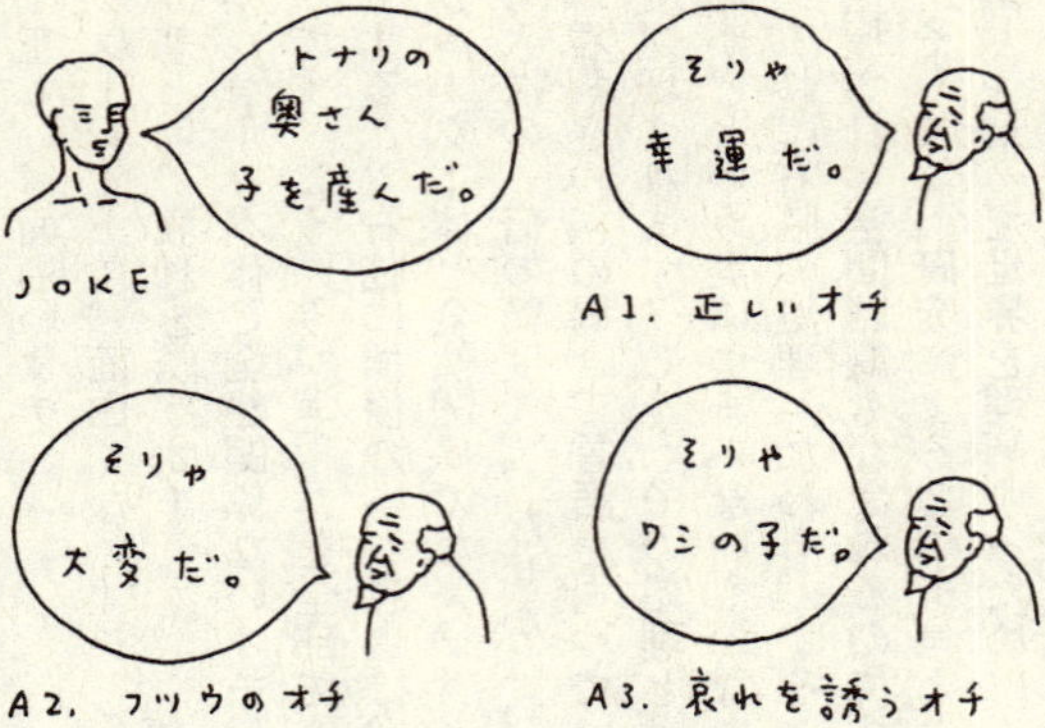
トナリの奥さん子を産んだ。
JOKE
そりゃ幸運だ。
A1. 正しいオチ
そりゃ大変だ。
A2. フツウのオチ
そりゃワシの子だ。
A3. 哀れを誘うオチ

という反応を示し、マンガという不条理な世界を理解できなかったのです（ちなみに左利きの人の場合には、右利きの人とは逆に、右脳が言語を司っていることがしばしばです。この実験で右脳に損傷のある患者はすべて右利き。つまり、言語自体は左脳が司っているという人々です）。

そうすると、です。事を急ぐようですが、次にこんなことが考えられはしないでしょうか。

ジョークを解するだけでなく、ジョークのような面白いことを言うためにも、右脳が必要である。ジョークを言うためにはまず第一に言語を司る脳である左脳の働きが必要だが、それだけではだめで、情報が右脳と行き来し、右脳による演出や洗練化、思考の立体化のような過程が必要だ……そういうことになりはしないでしょうか。

面白いジョークほど右脳の優秀さを表わすでしょう。

そうです！　またしても右脳の発達の問題だったのです。面白いことや気の利いたジョークを言えることが右脳の発達、ひいては生殖能力の高さを表わすのなら、女が面白いことを言う男にキャーキャー言って当然なのです（右脳は胎児期に、男性ホルモンの一種であるテストステロンによって発達します。当然、このテストステロンのレヴェルが高いほど右脳が発達。つまり右脳の発達を誇示することは、胎児期にテストステロンのレヴェルが高かったことを、ひいては生殖能力自体が高いことを誇示することになるわけです）。

「ナイナイ」の岡村君、あなたは背も低いし、顔もいまいち。だけどあなたはお笑いのセンスが抜群。右脳が発達していて生殖能力が高いのですよ。モテて当然です！

ちなみに、左右の脳の間には脳梁（のうりょう）なる構造があってこれらをつなぎ、情報の橋渡しをしています。脳梁は普通、男より女の方が発達しています。

確かに男には時々、ジョークやシャレのわからない奴がいて私などは苦労しているわけです。しかし、女にそういう例は滅多にありません。それは脳梁の発達の問題、つまり左右の脳でよく情報交換するかどうかという問題なのかもしれませんね。

そして女が脳梁を発達させているのは、他ならぬ男のジョークを理解し、下手かうまいかを判断するためでしょう。こうして女は、ちゃんと右脳を発達させている男を選り分ける——。

やはり女は評価の能力に秀でているのです。

女は男を評価する　不良・遊び人編

何であんな男がモテるのか、と時々理解に苦しむような男がいます。

定職には就いておらず、女の金で毎日パチンコ屋通い。もちろん、すってしまうことの方が多いのですが、たまに勝ったとしても、当の女に還元するかといえば、そうではなく、別の女に投入してしまうのです。よくまあ彼女が愛想を尽かさないものだと感心します。確かにルックスは若干いいのですが、それはあくまで若干。こんな男にどうして女が惚れるのか、ご意見をお聞かせ下さい。（二六歳、男）

この一〇年間、動物行動学の世界を席捲したのは、「シンメトリー」という概念です。

ここで言うシンメトリーとは、普通言うシンメトリー（左右対称）とは少し違います。

動物の体には、手や足、目や耳、鰭（ひれ）、翼など、左右で一対になっているパーツがあります。これらは本来、完全な左右対称に発達すべきなのですが、なかなかそうはいかない。どんな個体でも、ほんのわずかだけ左右に違いがある。このわずかな違いを問題にし、より完全な左右対称に近いことを、「シンメトリーだ」と表現するわけです（この違いは、見てわかるようなレヴェルのものではありません)。

シンメトリーかどうかということは、不思議なことにメス(女)においてはほとんど関係ない。オス(男)においてのみ、大いに問題となります。

実は、このシンメトリーという概念が注目される前、動物行動学の分野でわかっていたのは、たとえばこういうことでした。

ツバメでは、尾羽の長いオスほどモテる。

クジャクでは、尾羽にある目玉模様の数が多いオスほどモテる。

ところが、シンメトリーという概念を導入してみると、その真相はこういうことであることがわかりました。

ツバメでは、長い尾羽ほど、同時に左右の長さが違わない。つまりシンメトリー。

クジャクでは、尾羽の目玉模様の数が多いほど、目玉の配置がシンメトリー。

つまり、メスがオスに対して本当に要求しているのは、シンメトリーだったのです。

ただそれは、見てわかるようなものではない。そこで、長さや数の多さというそれと相関があるものを手掛かりに突き止める——そういうことらしいのです。

但し……シンメトリーについてもう少し突っ込んで言えば、です。それはいかに体がしっかりと出来ているか、神経系も含め、いかに体が正確に出来ているか、ということの指標だということです(だから、メスがオスに求めているのも、本当は体がきちんと出来ていること)。

研究者としても実際のところ体がいかにしっかりと、正確に出来ているかを知りたい。

でも、そんなことは複雑すぎて測れない。その点、シンメトリーなら簡単に測れ、指標としても理想的。よってシンメトリーを採用しよう、ということになったのです。

さて、体がシンメトリーに発達していないとしたらその原因は何か、シンメトリーな発達を脅かすものは何か、と言うことになります。それがまたしても、寄生者（パラサイト）！　細菌、ウイルス、寄生虫など自分自身では生きていけず、他者に寄生して生きていく生物です。つまり、シンメトリーであることは、それら寄生者（パラサイト）にやられなかったという優れた免疫力の証です。免疫力こそ動物としての最大の問題、メス（女）の目的は免疫力に優れたオス（男）の遺伝子を得ることだと言っても過言ではないことは、もはや皆さんご承知でしょう。メス（女）がシンメトリーなオス（男）を求めるのには、こういう重大な理由があったのです。

ツバメやクジャクに続き、人間でも続々とシンメトリーの研究がなされるようになりました。人間の場合、手、手首、足、足首、肘（ひじ）、それぞれの幅、耳の長さと幅などについて左右の値を測ります。カリパスというノギスのような計測器で、たとえば〇・〇一ミリメートル単位まで。

そうしてわかった、体のシンメトリーを見抜く手掛かり、あるいは体のシンメトリーと相関があることについて紹介しましょう。シンメトリーが問題となるのはもっぱら男で、以下はまず「シンメトリーな男は〇〇」、（九）以降は「シンメトリーな男に対しては〇〇」というふうに読んでください。

（一）匂いがいい（臭くない）

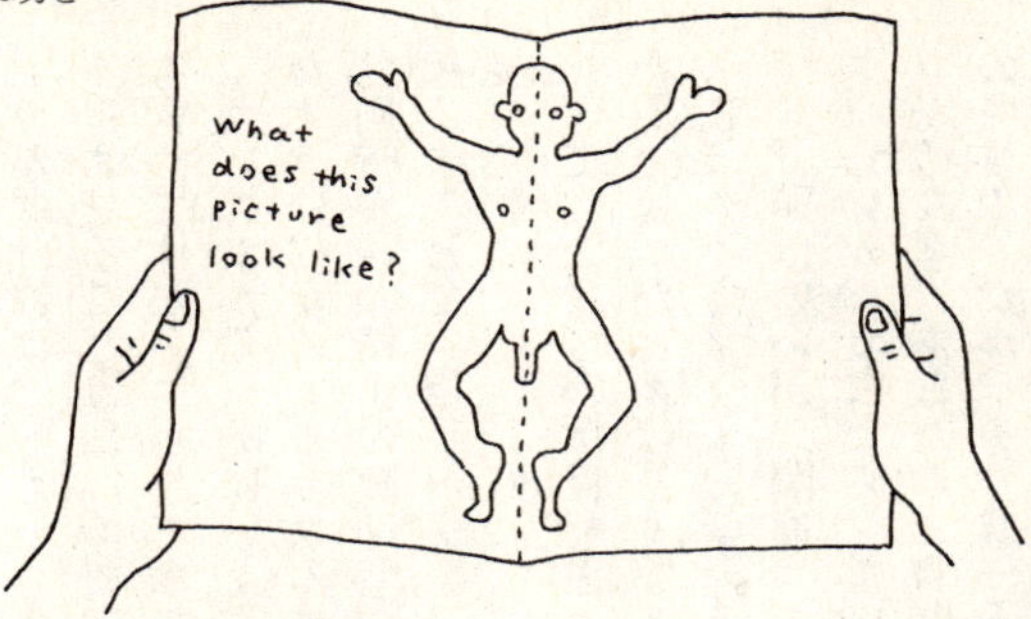

※ロールシャッハテストにおいて“ルックスが良く、真に賢い不良”をイメージさせやすい図柄。

(二) 顔がいい
(三) ケンカが強い
(四) 筋肉質の体をしている
(五) ＩＱが高い
(六) 童貞を失うのが早い
(七) 経験した女の数が多い
(八) 精子の数が多く、質もいい
(九) 女は効果的にいく
(一〇) 浮気相手として女からよくご指名がかかる
(一一) 女がすぐにＯＫのサインを出す

(一) の匂いについてですが、実は皮膚から分泌される汗や脂は、本来臭くないのです。皮膚の上にすんでいる細菌がそれらを分解し、初めて臭くなる。ところがシンメトリーな男は免疫力が強く、細菌の繁殖をあまり許していない。よってそう臭くない、というわけなのです。

(三) のケンカの強さですが、ケンカの勝敗ではなく、過去三年間に何回くらい暴力によるケンカをしたか、そのうち自分の方からエスカレートさせたのは何回か、と質問してその強さを測ります（なぜなら勝敗を訊くと男は見栄を張り、勝ったと答える。それに、ケンカが弱ければ、そもそもケンカする前に逃げ出すし、ましてや自分の方からエスカレートさせることはないので、この基準でＯＫ）。ともあれシンメトリーな男は、神経系も含めて体がしっかりできており、ケンカが強いのです。

（九）の女が効果的にいく、ということですが、この章の最初のセクションでお話ししたように、女のオルガスムスには二種類あります。男のそれより前の精子の拒絶型、男と同時か後の精子の歓迎型。効果的にいくとは、後者の、精子歓迎型のオルガスムスを起こすことで、相手がシンメトリーな男だと、女はその遺伝子を大歓迎するということなのです。

さて、これらの項目をざっとご覧になってどう思われますか？　これらの条件を揃えた男とは、たとえばどんな？

私はすぐにイメージが浮かびました。それは、「ルックスがよく、真に賢い、不良」です。頭はいいが、間違っても勉強はしない、キムタクみたいな男。あるいは「ルックスはいいが、女にだらしない遊び人」。

そうです。あなたのご質問のしょうもない遊び人とは、「シンメトリーな男」だったのです！　女が、その遺伝子を欲しくてたまらない男。どんなに無価値に見えても、彼には価値があるのです。免疫力という価値が。

その遊び人氏。もしや虫歯が一本もないとか、滅多にカゼをひかないとか、やたら丈

夫で免疫力の強い男ではありませんか？

年代別　女の浮気確率予報

Q　前から不思議だったのですが、男性はなぜ普通っぽいタレント（モー娘。とか）が好きなのでしょうか？　「ちょっと手の届きそうなところがいい」と言いますが、それなら一般人でいいじゃん、と思います。女の子がファンになるのはジャニーズ系や普通、手の届きそうにないカッコいい人なのに……。どうしてなのか教えて下さい！（三四歳、女）

A　この本を熱心に読んでくださっている方なら、このご質問に答えられるかもしれません。ちょっと考えてみてください。

〜〜〜

どうです？　おわかりになりましたか。

男と女で何が一番違うのか。それは、男は条件さえ揃えばほとんど無限と言っていいくらいに子をつくれるのに（とはいえその反対のゼロのこともある）、女は産むことのできる子の数に限りがあるということです。

おわかりになりましたか？　それとも、まだですか？

あっ、そういえば、です。

世界一子を残した人物として『ギネス』にも載っているモロッコ皇帝、ムーレイ・イスマイル（一六四五？〜一七二七）。彼が生涯に残したとされる子の数、八八八人について最近ちょっとした論争がありました。

一九九八年、D・エイノンという女性の研究者が、いくら男が子を無限というくらいつくれるといっても、八八八人は無理である。自分の計算によると八八八人の子をつくるためには、一日平均二・九回交わらねばならず、そんなことは不可能だ、と主張したのです。

これに反論したのはリチャード・G・グールドという男性の研究者です。二〇〇〇年のこと。

彼はまずエイノンが、イスマイルが帝位についた年（一六七二）を生年と取り違えるという決定的なミスを犯していることを指摘します（これによって繁殖年数が相当短く見積もられてしまう）。

さらに、女の月経周期のうちの受胎の可能性のある期間を普通より短く考えていること、女の体内での精子の寿命もわずか三・五日と考えるなど、いずれにしても子の数が少なくなる方向へ誤った見積りをしている、との指摘をします。

そのうえで彼自身の計算をします。

イスマイルは少なくとも八二歳まで生きたけれど、〝現役期間〟を控え目に見積もり、六二年間と仮定する。そして精子の寿命も六日として（実際、五〜六日という値が妥当です）計算する。すると八八八人の子をつくるためには、一日平均一・二回交わるだけ値ではない、と。

でいいという勘定になる。これは十分可能だ。八八八人という子の数は決して不可能な

男女それぞれの願望が現れていて面白いのですが、そもそもこんな論争が存在するこ

と自体、男には女にはありえない、無限に近い繁殖の可能性というものがあるからこそ

です。ちなみに私は女ですが、グールドの言い分の方が正しいと思います。八八八人す

べてがイスマイルの本当の子だとは断言できませんが。

男に大いなる繁殖の可能性があり、女に繁殖の制限がある——。すると、次にどうい

うことが考えられるでしょう。

まず女は、産むことのできる子の数が限られているので同じ産むなら質のよい子を、

ということになる。つまり男を厳しく選ぶだろうということです。当然でしょう。

一方男は、子の数に制限がないので女をあまり厳しく選ぶ必要がないということにな

る。

いや、それどころか、厳しく選んでいるとせっかくのチャンスを逃すことにもつなが

りかねません。男は守備範囲が広かったり、普通好みの方が、子孫を残すうえで有利な

のです。

そんなわけで、もうおわかりでしょう。男が普通っぽいタレントが好きで、女がとび

きりカッコいいタレントが好きなわけが。それは男女それぞれの繁殖戦略、その特徴の

現れなのです。

さて答えはこれで済んだので次のご質問へ……と行きたいところですが、一つ疑問が

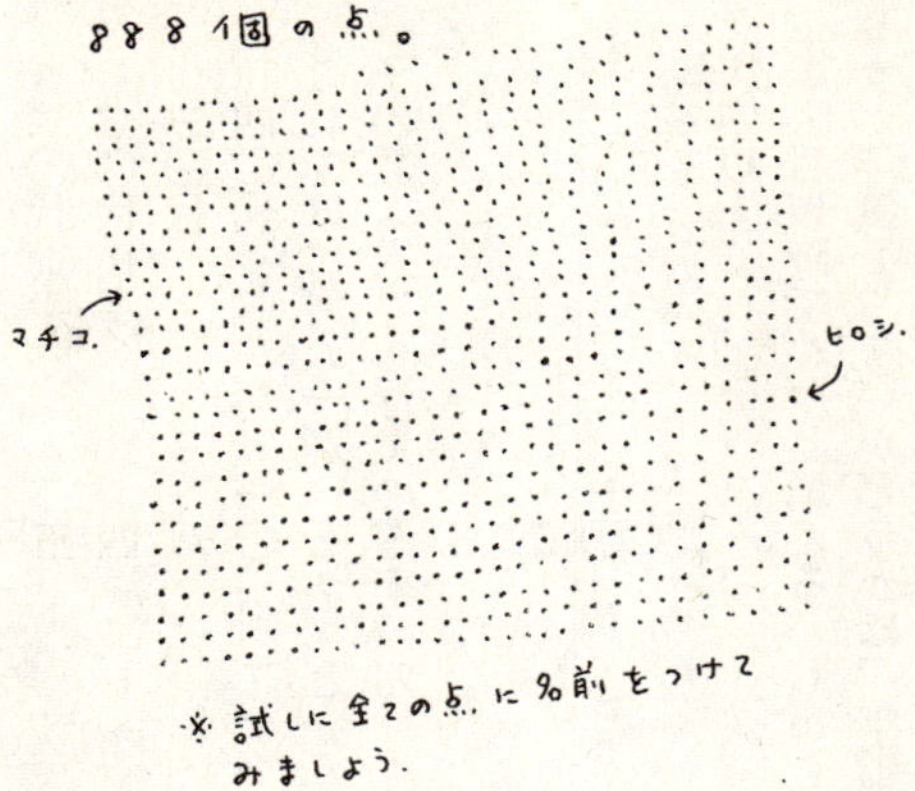

888個の点。
マチコ。
ヒロシ。
※試しに全ての点に名前をつけてみましょう。

湧いてきたりしませんか。

女は本当はとびきりの男が好きなのに、です。誰もがそういう、キムタクレヴェルの男と結婚できるわけではない。女が結婚するのはたいてい、その他大勢の普通の男たちだということです。

この理想と現実との違いについて、女は何か折り合いをつけているのでしょうか。そうだとしたら、どのようにして？

実は、ここだけの話ですが、それこそが浮気なのです。女は浮気によって、とびきりいい男の遺伝子を取り入れている。しかもそれは中年になってから、ダンナの子を一人か二人産んでからの話なのです。

例のベイカー&ベリスがイギリスで行なった調査によると、女は一〇代後半、二〇代前半、二〇代後半となるにつれ、浮気の確率が減っていくが、三〇代以降で急にまたよく浮気し始める。それはそれまでにない高い確率なのです。

具体的に言うと、

年代	浮気の確率（一番最近のSEXについてそれがパートナーとではなかった確率）（%）
一〇代後半	六
二〇代前半	五
二〇代後半	四
三〇代	八
四〇代	一〇

これを既に何人子がいるか、という切り口で見直してみると、

子の数（人）	浮気の確率（%）
〇	五
一	三
二	一〇
三	一六
四以上	三一

二人目以降でぐっと増える。しかも傾向は、年齢別の場合よりずっとクリアー。つまり女が浮気しやすいかどうかは、年齢というよりは、今いる子の数によって左右されるようなのです。

なぜ二人目以降で急に増えるのでしょう。子がいないときや一人いる段階で浮気が少ないのは、なぜなのか?

何を隠そう、これこそが女の深謀遠慮、権謀術数、知略才略！

もし、まだ子がいない段階で浮気し、子ができた、しかもそれがダンナにバレたとしたらどうなるでしょう。

子どもも追い出されることはまず間違いありません。何しろダンナにとって二人は他人。留めておく理由は、特にないのです。

では、子が一人ある場合にはどうなのか。

ダンナはかなり迷います。もし妻と不義の子とを追い出すと、幼い我が子が一人残される。この子の面倒をみることがはたして自分にできるだろうか。といって二人を追い出さず、留めておくというのも癪だし……。

ダンナが追い出すかどうかは、五分五分といったところでしょう。

ならば、子が既に二人ある場合にはどうか。

ここです、問題は。

もし妻と不義の子とを追い出すと、どうなるか。幼い我が子が二人残される。うるさいガキが何と二人もだ！　ああ、こうなったらもう三人目の子には目をつぶり、皆まとめて引き受けるしかないのかも……トホホ。

こういうことを女はすべて無意識のうちに行なっています。

第三章　みんなにとっての？

同性愛は無意味か!?

私自身はそうではないのですが、世の中には同性を愛する人がいます。神への冒瀆、とまでは思いませんが、どうしてこんな意味のない行動が存在するのか、不思議でなりません。(三二歳、男)

私は声を特大にして言いたいのです。

同性愛者の皆さん！　動物行動学の考えによれば、同性愛行動は今や、異常でもなんでもありません。無意味な行為でもありません。

それはれっきとした繁殖戦略。特にバイセクシャルは、私の見るところ、人類史上最強の繁殖戦略ではないかと思われるくらいです。

同性愛行動――今にして思えばなのですが、昔はいろいろと無理な解釈がありました(以下は男の同性愛について考えます。女の同性愛者の割合は男の場合より大分少ないので)。

一つ挙げるなら「ヘルパー仮説」。

ヘルパーというのは鳥などで、既に立派な大人なのに繁殖しない。敢えて親の縄張りに留まり、彼らの次の繁殖を手伝うという者のことです。そういう形で自分の遺伝子を残そうとしているのです（新たな縄張りを手に入れることができず、やむを得ずという事情もありますが）。

同性愛者は、このヘルパーのようなもの。自分では繁殖しないが、血縁者の繁殖の手伝いをして自分の遺伝子を間接的に残す、そういう戦略者。同性愛行動は女がいないことの代償行為ではないか、というのです。

そうはいうものの、です。ヘルパーになることにそれほどまでに意味があるのでしょうか。鳥の場合はともかく人間に、そうせざるを得ないような事情が本当にあるのか……。

しかもこの仮説は、同性愛者は同性しか愛さない、繁殖しない、と考えている。これがそもそもの間違いなのです。

同性愛者のかなり多くは、実は同時に異性をも愛している。同性愛の本質はバイセクシャルにあり、と考えるのがポイントなのです。

そう考えると同性愛行動が、俄然違ったものに見えて来ます。女がいないことの代償行為だなんて、もはや誰も考えない。そして他ならぬ同性を愛することに、何か重大な意味が秘められているのではないか、とさえ思え始めるのです。

同性愛行動をバイセクシャルにフォーカスを当てて考えた人、素晴らしい解釈を打ち出した人。それが皆さんご存じの、ロビン・ベイカーとマーク・ベリスなのです。

彼らの仮説は、「プラクティス仮説」と言います。同性愛行動は、ＳＥＸの練習（プラクティス）ではないかと言うのです。

練習？　練習がどうしてそんなに必要かとお思いでしょう。これが実に、実に大切！

女がいかに複雑で、多様な性戦略を備えていることか。

オルガスムスが常に起こる女、起きたり、起きなかったりする女、滅多に起きない女、オルガスムスは生涯一度も経験しないという女。さらには「いく」ふりをする女、もいます。

オルガスムスのタイミングというのがまた重要で、タイミング次第で女は、精子を大いに受け入れることもできれば、拒絶することもできます。

とてもではないけど一筋縄ではいかないのです、女は。

こうして男には「練習」の必要性が高まります。ただのSEXではダメ。女の裏をかいた、うまいSEXをする。そのための練習です。

ところが男は普通、怠け者で、女相手ならともかく、男を相手にしてまで「練習」しようとは思わないのです（そもそも、そういう発想がない）。

そこへいくと同性愛者は極めて熱心。同性を相手にした日々の「練習」を怠りません（そんなこと、意識していませんが）。

同性愛者とは、生涯を生殖活動のために捧げている人、性のスペシャリストだ、というのがベイカーたちの考えなのです。

この考えを大いに支持する研究が、つい最近現れました。

J・T・マニング。あの、指研究のマニングです。

彼はまず、イギリス、リヴァプールの住人、八〇〇人を対象に指の長さ、特に、薬指

に対する人差指の長さの比、というものを測りました（てのひら側で付け根から測る）。すると、男はこの比の平均が〇・九八で、薬指の方がやや長い。女は一・〇〇で、ほぼ同じ長さです。

さらに男の精子を調べると、相対的に薬指の長い男ほど、精子の数が多く、質もよいことがわかった。

この薬指の長さ（もちろん相対的な長さ）ですが、実は胎児期のテストステロンのレヴェルを反映するものなのです。

テストステロンは男性ホルモンの代表格ですが、これが胎児期に薬指を伸ばす働きを持っているのです。

体の基礎は胎児期にできる。胎児期にテストステロンレヴェルの高い男は、まず薬指がよく伸びるが、他ならぬ性ホルモンであるテストステロンの働きによって生殖器も、もちろんよく出来上がる。よって大人となった暁には精子の数が多く、質もよいということになるのです。

マニングは次に、ミュージシャンの指を調べました。音楽は右脳に関係します。この右脳を発達させるのが、またもやテストステロンなのです。

ミュージシャンが右脳を発達させていることは間違いない。彼らは胎児期のテストステロンレヴェルが高かった。とすれば、薬指は長いはずです。

結果は、予想通り。いや、予想以上でした。ブリティッシュ・シンフォニー・オーケストラのメンバー五四人（男）の薬指は、全員、平均以上の伸びを示していたのです（平均以下はなし）。

そしてミュージシャンの次に調べたのが……そう、同性愛者なのです。

彼は、リヴァプール、エディンバラ、ロンドンのゲイ・ソーシャル・センターなどを利用し、八八人の同性愛者の指の情報を得ました（直接測るのではなく、手のコピーをとる）。

それによると……いや、それよりもまず、あなたはどう予想されるでしょう。同性愛者の薬指は長い？　それとも短い？

同性愛者は、しばしば言葉遣いやしぐさが女っぽい。同性愛者の脳の構造、たとえば左右の脳をつなぐ脳梁（のうりょう）などを調べると、女ほどには発達していないが、異性愛の男よりは発達している。

こういう例からすると、同性愛者のテストステロンレヴェルはあまり高くないのではないか、と考えたくなってしまいます。

しかし一方、同性愛者は性のスペシャリスト（であるはず）。この点からすると、テストステロンレヴェルは高く、薬指は長いのでは、と予想されます。さあ、わからない。私は、この二つの逆向きの力ゆえに、結局傾向は出てこないのではないかとさえ考えました。で、結果は、と言うと……。

同性愛者は、薬指が凄く長い！

バイセクシャルとホモセクシャル・オンリーとを区別すると、バイセクシャルの方がより長い。

彼らはやはり、性のスペシャリストであり、超男性とでも言うべき存在だった！　しかもこの、バイセクシャルの方が極端だという結果が、同性愛の本質がバイセクシャルにあることを逆に物語ってはいないでしょうか。

バイセクシャルは史上最強の繁殖戦略！　そう言い切って間違いありません。

超常現象をムキになって否定する男

よくテレビで、超能力や超常現象を肯定する派と否定する派とで、口角泡を飛ばす議論をやっています。竹内さんはどちらの派ですか？　こういう論争についてどう思われますか。（二六歳、男）

期待を裏切って申し訳ありませんが、私はどちらの派でもありません。

超能力、超常現象……。あるかもしれないし、ないかもしれない。この目で見たわけではなし、何ともコメントのしようがないのです。

あっ、でも、そう言えば、一度それらしき現象を目撃したことはあります。今から二〇年以上前のことです。大学構内にある小さな天文台に上り、皆で星空を仰いでいました。すると、怪しい軌跡を描く物体が……。それは、

……

というようにコの字形を、コの表、裏と交互に繰り返しながら、実に几帳面に飛んでいるのです。

こんな飛び方をする飛行機があるとは思えません。ヘリコプターならありえるかもしれませんが、では何のために？

「うわぁ、UFOだ！」

とその場の全員の意見が一致しました。確かに未確認の飛行物体、UFOの条件を満たしています。

けれど、これがきっかけで私が、いわゆるUFOの世界に傾倒していったかと言うと、そうではない。あれはUFOだったかもしれないし、そうではないかもしれない。何らかのちゃんとした飛行物体を、変な飛び方をする怪しい物体、と見誤っただけかもしれない。とにかくわからないと思っただけなのです。

そんなわけで、超能力、超常現象についてはわからない、何とも言いようがない（あったら楽しいだろうけれど）というのが私の立場です。ただ、これだけは、はっきりとさせておきましょう。

私は、超能力、超常現象について、「そんなものは、絶対に存在しない。全部インチキである。存在すると言っている奴はバカである」とは思わない。

実を言うと、私がテレビの討論などを見ていてつくづく不思議に思うのは、こんなふうにこれらの能力、現象を顔を紅潮させながら完全否定する、口から泡を飛ばしながら、インチキ、ペテンと叫ぶ人がいる、ということです。ことによるとこういう人は、UFOよりも不思議な存在かもしれない。

超能力、超常現象と言われるものにインチキが多いのは確か、それどころか、ほとんどがそうでしょう。しかしだからと言って、すべてインチキだと決めつけることはできないはずです。もしかすると本物も混じっているかもしれない。「肯定派」を少し擁護すると、彼らはその、ごくわずかな可能性について論じているのではないでしょうか。

彼ら否定派の言動を観察して感じられるのは、それが意見というよりは、感情であること。自分の理解の範囲を越えるものは認められないという信念であったり、自分はそういうものを認めたくないんだ、という叫びであったりすることです。

さらに気づくのは、そういう頑固な主張をするのはまず間違いなく男。女は存在を信じるか、私のようにどっちでもいいとか、あったら楽しいのに、という程度の心の余裕を持っているということです（もちろん、余裕のある男もいる）。

こうしてみるとこの、超能力、超常現象をどう捉えるかという問題には、どうも脳の性差や個人的な差が関わっているような気がしてくるのです。

第二章で、ジョークやお笑いのようなぶっ飛んだ世界を理解するためには右脳の働きが必要であること、言語脳である左脳の処理の上に右脳のそれが加わり、左右の脳で情報交換することが重要らしい、という話をしました。

脳内出血で右脳に損傷を負った患者に、いくつかのジョークを示し、それに対するオチはどれかと選ばせると、なかなか正しく選ぶことができない。

彼らは、左脳という言語脳は大丈夫。だから言葉を理解することはできます。ただその理解とは、単に字づらをなぞるというだけのもので、そこから飛躍したり、行間を読む、というような微妙な処理を施すことができないのです。

さらにこの研究では、左脳の損傷患者にも同様の実験が行なわれています。

とはいえ彼らは、左脳という言語脳がだめになっているので、言葉の理解が困難。そ

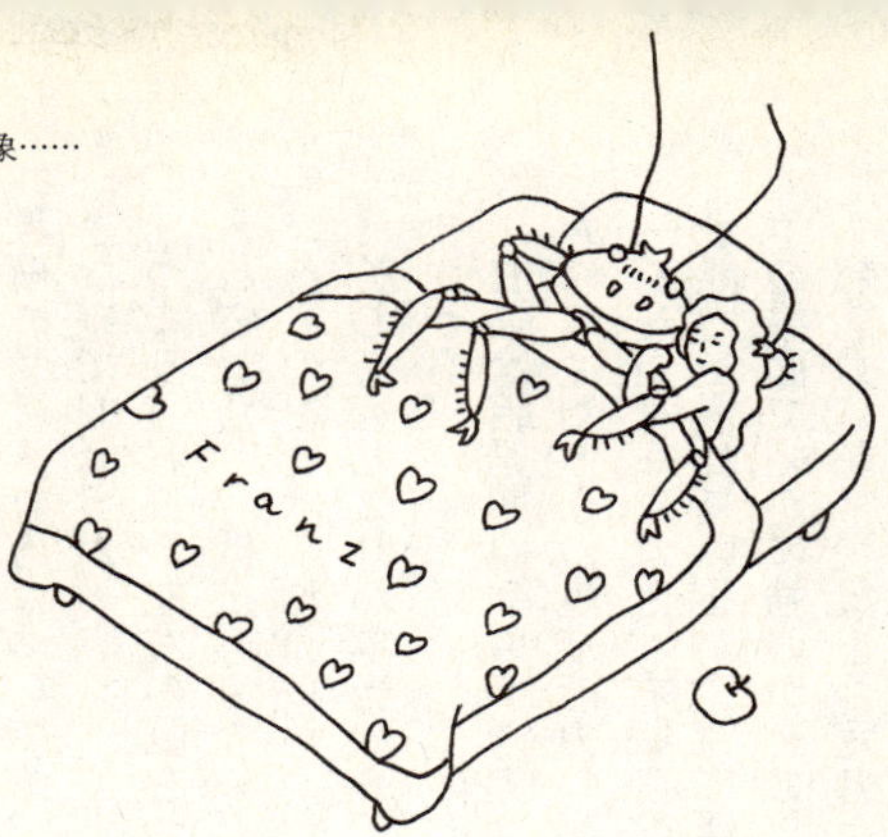

※不条理な不条理。

こでセリフなしのイラストをいくつか見せ、どれが笑えるかを選ばせるのです。するとちゃんと正しく選ぶことができる。

ところがこれが、右脳損傷患者となると、またしてもダメ。著しく正解率が悪いのです。

ジョークやユーモアのようないささかぶっ飛んだ、不条理な世界の理解のためには右脳の働きがどうしても必要なのです。

ちなみに左右の脳をつなぐ、脳梁（のうりょう）なる部分は、男よりも女の方が発達しています。これは女が、左右の脳の情報交換をより頻繁に行なっていることを窺わせます。男にはしばしば、ジョークやシャレがなかなか通じない奴がいるのに対し、女は滅多にそういうことはない。それは一つにはこの脳梁の発達の問題ではないでしょうか。

超能力や超常現象。それらの受け入れ方や理解……。ジョークやユーモアの世界と、何か非常に共通するものを感じませんか？

どちらも、かなりぶっ飛んだり、飛躍したりの、不条理とも言える世界です。そして女はよく理解したり、受け入れたりできるのに、男は人によってはよく理解できなかったり、拒否反応すら示したりする……。

とすれば、です。ここでまさに〝飛躍〟することにしましょう。超能力や超常現象の理解や受け入れ方についても、ジョークやユーモアの場合と同じように考えることはできないでしょうか。

つまり、右脳や左右の脳をつなぐ脳梁の発達している人は、超能力や超常現象を受け入れられたり、抵抗感もない。逆に、右脳や脳梁をあまり発達させていない人は、そういうものを受け入れづらかったり、拒否反応すら起こす、と。

そしてもしこれが本当なら、事は結構重大です。何しろ、男にとっては右脳、命なのですから。

右脳は胎児期のテストステロンのレヴェルに応じて発達します。その発達は当然、大人になったときの生殖能力の高さにも対応している。だから男は、音楽やスポーツ、ギャグやジョークなど、右脳の発達の目安になる能力を発揮することで、いかに自分の生殖能力が優れているか、特に浮気など、他の男の精子と戦わなければならない、精子競争の場面でいかに強いかをアピールしようとしているのです。

超能力、超常現象を否定しようが、しまいが、そんなことは勝手です。でも、否定するとしたらそれは、精子競争に弱いことを自ら暴露する行為かもしれないのです。でも、あっ、でも、精子競争に弱ければ……そうだ、浮気はしない。ああ、なるほど！

否定派とは、浮気などしない、極めて誠実な男たちなのかもしれません。

なぜ自殺するのか？

なぜ人間は「自殺」を思い、実際に自分を殺してしまったりするのですか？

実父（他界）も三〇代頃自殺未遂、私も一八歳の頃ひそかに未遂。結婚して長女、長男の二人の子どもを授かりましたが、長女は一七歳で自殺。私もどこかにまだ自殺願望があります。自殺は人間だけがする行動なのでしょうか。自殺は悪いことですか？（四八歳、女）

人はなぜ自殺するのか？

芥川を、太宰を、そして川端を死に追いやったもの、それは何か。時代か、社会か、はたまた育った環境か。凡人には計り知れない彼らの精神の奥底に、いったい何が起こったのか……？

自殺という行為をあまりにも哲学的に捉えること、時代や社会、育った環境、周りの人間の言動といった外部環境にその主たる原因を求めること、それは良くないことだ、などと価値判断を下すこと。こういうことすべてに私は反対です。

自殺とは、一言で言えば体質。高血圧や糖尿病、心臓疾患になりやすい体質があるのと同様、自殺したくなる体質がある。特に理由もなく、ただぼんやりと死にたいと願ってしまう体質があるというだけのことだと思うのです。

時代や社会、何か突発的な事件がきっかけになることはあるかもしれません。でも、主たる原因にはならない。その人の内部に、その体質があるかどうかが一番の問題ではないでしょうか。

あっ、でも家庭環境というのは、ちょっと違っているかもしれない。なぜなら、〝自殺体質〟を持った人間が家庭を持つと、自殺の雰囲気が漂う家庭環境を作ってしまう可能性がある。その家庭の中に、おそらく〝自殺体質〟を受け継いだ人間が含まれているだろうから。

ちなみに、学校でひどいイジメに遭ってとか、借金取りに追いかけられてというような、極度に追いつめられた結果の自殺というものは誰にでもあり得るはず。私の言いたい〝自殺体質〟による自殺とは別の物です。

〝自殺体質〟とは、具体的にはどういうことなのか。

それがずばり、神経伝達物質が不足しがちな体質。

セロトニンのような神経伝達物質が不足すると人はうつ状態になる。この「うつ」が自殺を引き起こす最大の要因だからです。

実を言うと、私がまさにその体質……。その私が自身の体験を元に言わせてもらうと、うつにも死の願望にもややこしい理屈は必要ない。それは単に物質の問題、神経伝達物質の不足のみの問題なのです。早い話、抗うつ剤の量を増やしてしばらくぼんやり過ごしていれば、それは必ず解決するものなのです。

なぜ自分はうつになったか、その原因を考えてそれを取り除こう、などと考えるのもムダ。そもそもそういうふうに自分で反省したり、分析したりすること自体がいけない。それは症状を重くするだけで、けっして軽くしたりはしないのです。

ああ、そうそう、せっかくなので、もう一つ私が体験的に知ったことを披露しましょう。少なくとも私の場合なのですが、もしそれが軽いうつなら、なぜか文章を書くという行為によって驚くほどに改善されるということです。「読む」ではなく、「書く」です。

私の仕事のやり方として、主に文献を読む時期と、それを元に文章を書くという時期があります。この、もっぱら読むという時期に、大きな不安に襲われ、焦りを感じ、眠れなくなったりする。「ああ、やばい、このまま行くとうつがひどくなるぞ」という状態に陥るのです。ところがそれが、書くという時期に転ずるとウソのように改善される。不安は雲散霧消、やたらと気力がみなぎってきたりするのです（但し、これはあくまで軽いうつの場合の話。あまりにうつが重いと、書くことさえできなくなります）。

書くことで、もやもやしていた頭が整理される。言いたいことがアウトプットされてすっきりする。文献は英語のことが多いので不自然な脳の使い方をするわけだが、書くのは日本語。脳に変な負担をかけない。それで心が安定するのでは？ などといろいろ考えました。しかし結局、書くことでセロトニンなどが増えてくる――どうもそうとしか感じられないのです。

こういう体験を重ねるうちに、私ははたと気がつきました。なぜ作家に自殺が多いのか。

作家とはそもそも、神経伝達物質が不足しがちの体質を持った人たちではないのか。それによって彼（彼女）は、幼少時から不安や焦りの心などを抱き、軽いうつ状態に陥りがちなわけだが、そうこうするうち文章を書くという行為によってそれが癒されることに気づく（たぶん無意識のうちに）→書くことが病みつきになる→作家に。しかし、職業として書くことにはなかなかつらいものがある。精神のバランスを崩し、重いうつ状態に。もはや書くことでは治癒しない。自殺へ……。

芥川も、太宰も、その他の作家たちもこんな経過を辿ったのではないかと想像してしまうわけです。ちなみに現代の作家には自殺が少ないような印象がありますが、それはよい抗うつ剤が登場したおかげではないか、とこれまた想像してしまいます。

自殺願望のある方、うつ傾向の方には、書くという作業をお勧めします。騙されたと思って試してみて下さい。

ところで自殺とは、文字通り自分を殺すこと、遺伝子の道を自ら閉ざすということ。どうしてこういう適応的ではない、つまり遺伝子を残すこととは反対の行動が人間に存在するのでしょう。特に思春期の自殺などは、繁殖の直前の死であるわけで、本当にもったいなく、まったく無意味なことに思われます。

しかしまず、本人が繁殖することだけがその人間の遺伝子を残す道ではないことは、皆さんご承知でしょう。血縁者――つまり自分と共通の遺伝子を、血縁の近さに応じた確率で持っている個体――を介して自分の遺伝子を間接的に残すことができるのです。だから自殺した本人は遺伝子を残さなくても、必ずや血縁者たちが彼（彼女）の持つ

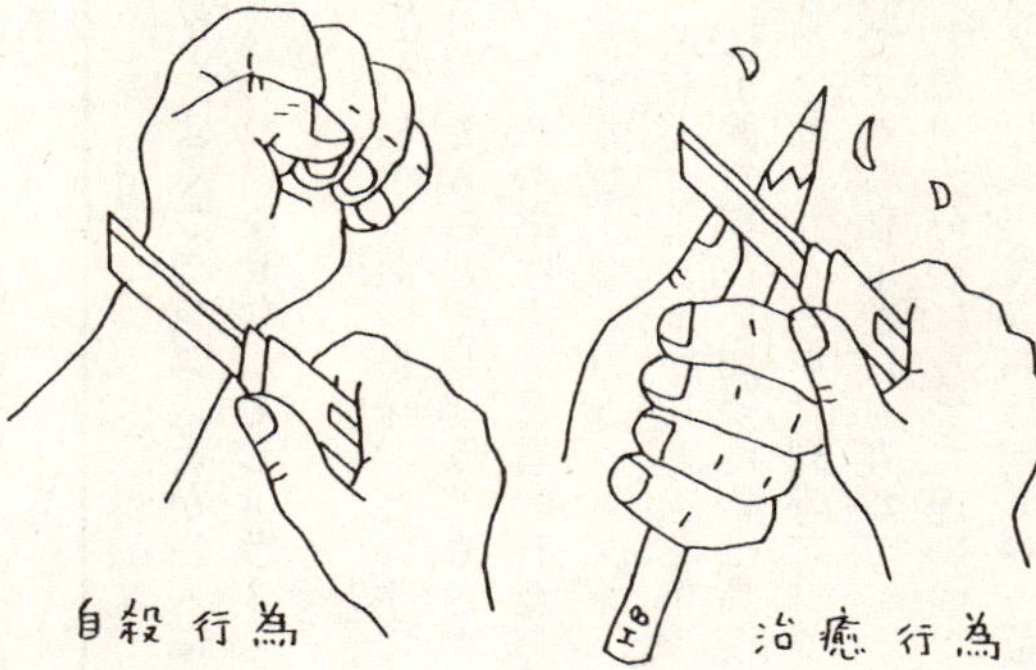

遺伝子——特に自殺しやすい性質に関わる遺伝子——を残す。こうして自殺しやすい性質という、一見、遺伝子を残すこととは反対の性質が人間界に残ってきたのではないかと考えられます。

しかもそのとき、とても重要なことがあります。その血縁者たちは、亡くなった人の分を補ってあまりあるほどよく繁殖する傾向があるはずだということです。そうでないとしたら、問題の遺伝子は残ってこないのです。

ご質問の方。お子さんのうち、残念ながら娘さんは亡くなってしまいました。しかし今ここで私が説明したように、残された息子さんは、娘さんの分まで繁殖……いや、繁殖というと何だか即物的ですね、言い直しましょう。娘さんの分までしっかり生き、人生をまっとうされるはずです。そう私は考えています。

ハゲの謎　前編

Ｑ よくフランス人とか白人にはハゲが多いと言いますが、本当でしょうか。またそれはなぜなんでしょう？（三二歳、男）

Ａ 私の音楽の趣味、といっても大したものではないのですが、まずその話からさせてもらいましょう。もしポピュラーミュージックで好きな人、好きなグループを三つ挙げよ、と言われたら迷うことはありません。

クイーン、ローリング・ストーンズ、そしてミッシェル・ポルナレフです（古い！）。

特に、ポルナレフの場合、ちょっとドラマチックな個人史があります。

私が彼の存在を知ったのは高校生の頃、つまり一九七〇年代前半です。彼がデビューしたのは一九六六年。同時にフランスで、少し遅れて世界的なスターの座についていたのですから私はかなり遅れてやってきたファンです。クイーン、ストーンズについても同じで、大分後になって追いついたという格好です。

大学に入ってからはポル様一筋という感じです。レコード、コンサートはもちろんのこと、私としては一世一代というくらいの勇気を振るい、ＦＭラジオ局にリクエスト葉書を送ったこともあります。幸い採用され、

「……というフレンチ・ポップスの大好きな二〇歳のお嬢さんです」

なんて紹介されましたっけ。結局は挫折したけれど、フランス語の勉強もしました。そんな私がガーンと衝撃を受けたのは、七八年に発表された「Lettre à France」（邦題、「哀しみのエトランゼ」）という曲です。そのなかの一フレーズが、「Ça n'arrive qu'aux autres」（邦題、「哀しみの終わるとき」）という曲の一フレーズとほとんど同じなのです。音楽について何も知らないのでどう表現すべきかわからないのですが、メロディーの〝語尾〟に当たるところの処理がほぼ同じなのです。

ああ、彼はダメになってしまった。あの、絶えることがないと思われたメロディーの泉がとうとう涸れてしまったんだ……。

それからというもの、です。彼のニューアルバムは恐くて聴けない。FMラジオともおさらばです。それどころか過去のものさえ拒絶したくなってきた。あまりにも好きであるために、こんな過剰な反応が現れてしまったのです（聴かなくなった一因には、後に世の中がレコードからCDに移行したのに、彼のものは、何でも権利上の問題とかで長年CD化されなかった、という事情もあります）。

そして約二〇年がたちました。あるときふとしたきっかけで、海外で発売された彼のベストアルバム（CD）を入手したのです。件の「Lettre à France」も入っています。

そうして聴く「Lettre à France」の何と美しい曲であることか！　例の〝語尾〟の問題なんてまったく気になりません。

思えば、ショパンだってモーツァルトだって、お得意の〝語尾〟を持っていて、それがために「ビートルズをショパン風に弾く」などという芸が成り立ったりするわけです。今思うと非情な仕打ちをしたものです。

私が危惧していた八〇年代の作品にしても、以前のような強烈な個性には欠けるものの、彼ならではのセンスが光ります。

そしてとうとう二〇〇〇年、彼の日本盤ベストアルバムが発売されました。あのユーミンがレコードの溝が擦り切れるほどに聴いたというポルナレフ。今の若者たちにも必ずや熱狂をもたらすであろうポルナレフ……。

そんなわけで私の耳は今、ポルナレフづけの毎日を送っています。しかし……、しかしそうすると、どうしても気掛かりなことが脳裏をかすめます。今の彼はどんなお姿になっておられるのでしょう。まだ金髪のカーリーヘアーにサングラス、タンクトップにピチピチのパンツなのでしょうか。それを許す体形でしょうか。

知りたい。

いや、知らない方がいい。

でも、知りたい。

知ってがっかりしたらどうする？

私が特に恐れているのは……、そうです。頭髪の問題です。コーカソイド（白人）にはハゲが多い。彼のお父さんはロシア人で、お母さんはフランス人ですが、とにかくコーカソイドのハゲ発生率は、我々モンゴロイドの約四倍と言われているのです。白人にハゲが多いのは本当です。

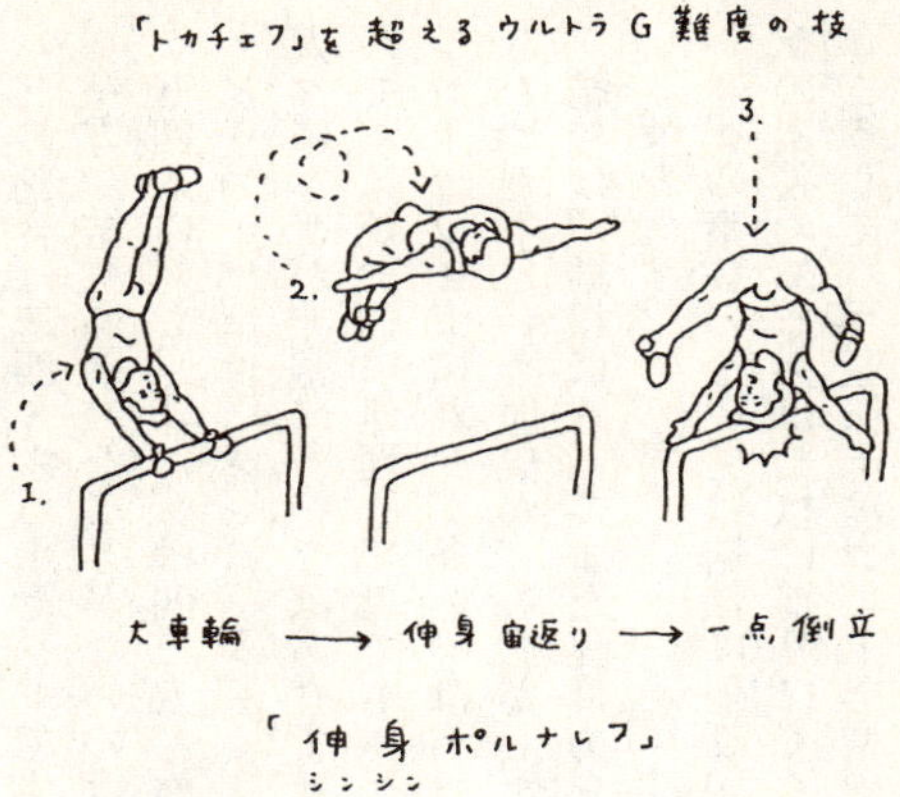

彼がハゲている確率は極めて高い。八五年のアルバムジャケットには往時と同様の姿が見られますが、九〇年のそれに彼の姿はない（これが今のところベスト盤以外の最新アルバム）。もしや……。

それにしてもコーカソイドには、なぜハゲが多いのでしょう。

もしかしたらその原因はこれかも、と私が思うのは、結核の流行です。そもそもこういうことがわかっています。

ハゲは結核に強い。

札幌鉄道病院の高島巌氏らは、ハゲの研究を続けるうちに、結核病棟にはどうもハゲは少ないようだ、という印象を抱くようになりました。氏らは一九八一年、この病院に何らかの病気（結核ではない）で入院している男性患者一七五人について調べてみました。

大半の人は五〇歳以上で、結核が大流行した戦中戦後の時代にちょうど青春期を送った人々です。結核はまだ結核に対する免疫力を持たない若い人を襲います。一七五人のうち、結核に罹ったことがあるという人は七八人でした。

この七八人をハゲと非ハゲに分類します。するとハゲ二七人に対し、非ハゲは五一人。ハゲの割合は三四・六パーセントです。

一方、結核に罹ったことがないのは九七人。これまたハゲと非ハゲに分類すると、ハゲ五四人に対し、非ハゲは四三人。ハゲの割合は五五・七パーセント。

どうです。結核に罹ったことのある人々にハゲが少なく、結核に罹ったことのない人々にハゲが非常に多いではありませんか。すなわち、ハゲは結核に大変強いと言えるのです（統計的に処理してみてもハゲと結核との間には強い相関があります）。

コーカソイドにハゲが多いのは、ヨーロッパでの結核の流行が、アジアなどよりも激しかった、という歴史が、もしかしたらあるからなのかもしれません。

結核は、結核に対してまだ免疫力を持たない若い人を襲います。まだ子を残していない人々をです。

ハゲの素養のない男は結核に罹り、子を残すことなく死ぬことが多かった。一方、ハゲの素養のある男は結核に罹りにくく、生き延びて子を残すことが多かった。

こうしてハゲ遺伝子はコピーを増やしてきた。結核がより激しく流行するほどハゲの遺伝子は増えるでしょう。

ともかくそういうわけで現在、ミッシェル・ポルナレフがハゲている可能性は大変高い。そして実を言うと、先日私はちらっと見てしまったんです。

ハゲの謎　後編

私の観察によれば、作家でハゲという人（もちろん男）は非常に少ないような気がするのですが、どうでしょう。また、実際にそうなら、それはどうしてなのでしょう？（二九歳、女）

本当にそうですねえ。ハゲの作家を探すのは至難の業のような気がします。今はカツラの技術が発達しており、隠れハゲの人もいるかもしれない。日本の昔の作家（詩人も含む）に限って探してみることにしましょう。S潮文庫の顔写真などを参考にします。

夏目漱石はハゲではありません。白髪混じりのフサフサした頭髪。

島崎藤村も大丈夫。

永井荷風の場合、帽子を被った写真で、頭髪については不明。

谷崎潤一郎は大分年をとってからの写真ですが、これがセーフ。

川端康成は周知の通り、見事なフサフサの総白髪。

太宰治は三八歳で亡くなっていますが、あのフサフサした感じからすると大丈夫そう。

志賀直哉、武者小路実篤はハゲていますが、大変年をとってからの写真。私が知りたい、若い頃や中年時代の状態については不明です。

中原中也には例の有名な写真がありますが、残念ながら帽子を被っている。

芥川龍之介、梶井基次郎、中島敦といった人々はあまりにも若死です。仮にハゲの素養があったとしても、それが現れる前に亡くなったのかもしれません。よってこれらの人々についても不明（芥川の場合、額の後退がちょっと気になる）。

一方、明らかなハゲとして私が見つけたのは、わずかに森鷗外だけ。本当にそうなのです。

作家にハゲが少ないのはなぜでしょう。それにはまず、ハゲの原因というものを考えなければなりません。

私たちがハゲの原因としてすぐ思いつくのは、男性ホルモンでしょう。ヒゲや体毛が濃く、脂ぎっており、いかにも男性ホルモンのレヴェルが高そうな男が同時にハゲる、というあれです。

私は、自身の経験に照らし合わせてみてそれは間違いないと思うし（私はかねてから関西の某テレビ局のアナウンサーを、そのヒゲ剃りあとの濃さとやや不自然な頭髪から絶対ハゲだとにらんでいたところ、彼はあるとき衝撃の告白をし、以後カツラをはずした爽やかな笑顔でブラウン管に登場している）、皆さんもそうなのではないかと思うのですが、おかしなものです。ハゲ研究の分野で、男性ホルモンがハゲの原因になっているとするデータは少ない――。

だからといってハゲの男性ホルモン説が否定されたわけではは全然ないのですが、とにかくなぜかデータが少ない。しかし、ここではハゲ=男性ホルモン説にとって心強い、こんな貴重な研究をご紹介しましょう。

今から三〇年以上も前のことです。福岡県、久留米大学医学部の柿添建二氏は、医療関係者の間で古くから言い伝えられている、ある格言を検証してみることにしました。

「ハゲに胃ガンなし」

柿添氏は自身の経験からもまったくそうだと思っていました。胃ガンの患者は四〇代、五〇代といった中年が多いにも拘らず、ハゲが少なく、頭髪はたいていフサフサした黒髪か、白髪混じりなのです。要するに「胃ガン患者にハゲなし」です。氏の研究は、ハゲ=男性ホルモン説の検証というよりは、こうして胃ガンとハゲとの関係を調べるというところから始まったわけです。

まず、胃ガン患者に実際にどれくらいハゲがおり、またいないのでしょうか。

氏は一九五二年から六九年までの間に、久留米市の脇坂外科に入院し、手術した胃ガン患者の、入院した時点でのデータを調べました。入院時というのは、投薬などが始まると、それが元で頭髪が薄くなることもあるからです。

それによると、男性患者六六三人(二一～八六歳)のうちのハゲの割合は、こんな驚くべきものでした(柿添氏は女性患者についても調べていますが、詳しいことは拙著『シンメトリーな男』新潮文庫をご覧下さい)。

年代　人数　内ハゲの人数

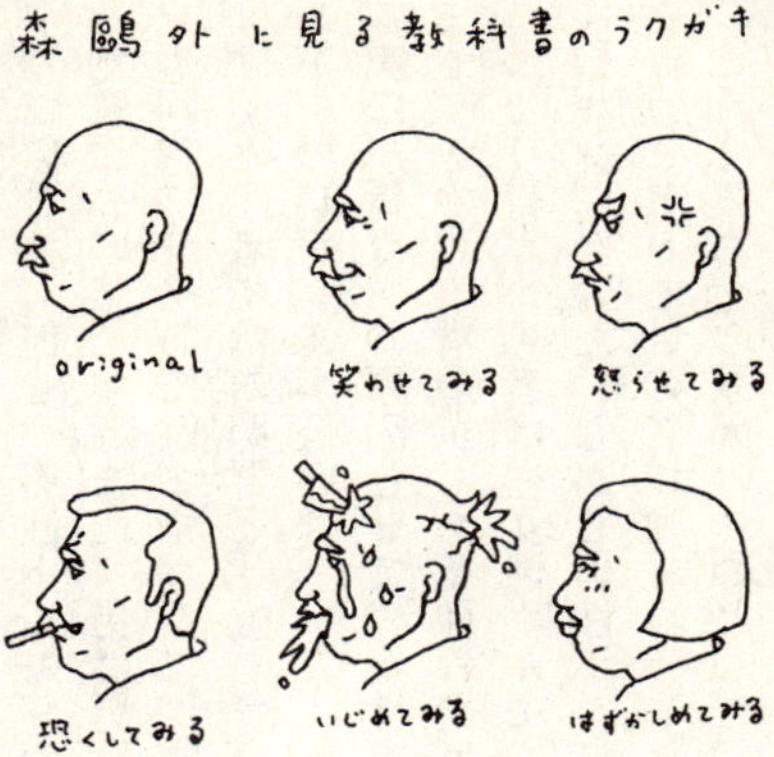

二〇代	七	〇
三〇代	三四	一
四〇代	九三	〇
五〇代	二一八	五
六〇代	二三三	一七
七〇代	八四	七
八〇代	四	〇

どうです！　ウソみたいな話じゃありませんか。特に四〇代、五〇代あたりのハゲの少なさといったら……。

これだけでもう十分に「ハゲに胃ガンなし」が立証されていると思いますが、一応、対照群（コントロール）との比較というものをしなければなりません。この病院に入院する可能性のある、久留米市や福岡市などの住民数千人を任意に選び、ハゲの有無が調べられました。結果はもちろんすべての年齢層で有意な差がある、というもの。対照群（コントロール）の人々では一〇代ですでにハゲが現れるほどです。

ではどうして、胃ガン患者にはハゲが少ないのでしょう。ハゲにくいことと胃ガンになりやすいことが、どう関係しているのでしょう。

柿添氏はこのとき、患者と対照群(コントロール)の人々の男性ホルモンと女性ホルモンのレヴェルを測っています(但し、男性ホルモンの場合、それ自体を測るのは難しく、その指標となる物質についてです。また、男は男性ホルモンだけを分泌するのではなく、女性ホルモンも同時に分泌しています。女についても同様)。

すると患者では対照群(コントロール)と比較して全体的に、女性ホルモンのレヴェルが高く、男性ホルモンのレヴェルが低い。

実は、胃ガンの原因として、女性ホルモンの一種であるエストロゲンが考えられています。その化学構造が、ある種の発ガン物質によく似ているのです。

つまり胃ガン患者は、女性ホルモンの一種であるエストロゲンのレヴェルが高いために胃ガンになった。しかし男性ホルモンのレヴェルが低いためにハゲにはなりにくい、ということらしいのです。

こうしてハゲの原因の一つとして、男性ホルモンのレヴェルの高さ、というものが浮かび上がってきます。いや、それは最有力の候補と考えていいのではないでしょうか。

考えてみるに作家という職業。文章を書き、あれやこれやと人生について、人と人の関係について、ものの見方、感じ方について論ずる職業。それは凄く男っぽい仕事でしょうか？ つべこべ言わずに行動する。それが男というものでしょう。

そんなわけで作家とはあまり男、男した人々ではない可能性があります。彼らは男性ホルモンのレヴェルが低い——。作家にハゲが少ないのは、そのためなのかもしれません。

そして作家の皆さん、胃ガンにはくれぐれもご注意を！

エイズ・ウイルスの目論見

？ 人間はカゼを引くと、そのウイルスを追い出そうと咳をし、さらには高温によって退治しようと発熱する。即ち、それが「カゼの症状」なのだと聞きました。それを緩和させるのがカゼ薬。でもそれは、カゼのウイルスの撃退策を自ら封じ込める結果となりますよね。薬を飲んで撃退策を封じても、人間は命に別条なく生きているし、事は済んでいる。それなら元々人間が咳や発熱などの反応をしなければいいと思いませんか。どうしてそんな排除のプログラムが我々に組み込まれているのでしょうか。そもそもカゼのウイルスは何が目的で人間の体内に入って来るのですか？　それは我々が発熱などして自分の体を苦しめてまで退治するほどの大事件なのですか。防がないと人間はどうなるのですか？（四二歳、男）

！ まず第一に、その呑気な認識を改めて下さい！

人間の、動物の、いや生物の最大の課題は寄生者(パラサイト)対策。ウイルス、バクテリア、寄生虫など、自分自身では生きていくことができず、他者に寄生して生きていく寄生者(パラサイト)に対し、いかに防御し、戦うかということなのです。

それらの対策を怠っている生物は即滅ぶ、と言って間違いありません。

さらに言うなら、生物に性などというものが出来てきたのも、寄生者（パラサイト）対策のためなのです。

寄生者（パラサイト）との戦いの中では、無性生殖（性のない生殖の仕方）のように、遺伝的に自分と全く同じ子孫をつくるというやり方ではだめ。何しろいったん彼らに攻撃法を開発されたなら、それでおしまいなのだから。彼らに対しては、とにかく彼らがまだ攻撃方法を開発していない、新しく、ヴァリエーションに富んだ個体をつくること。そこで遺伝子を混ぜ合わせ、子孫にヴァリエーションをつける。性はそのためのシステムとして進化したのです。

そしてまたさらに言うなら、です。

性のある生殖（有性生殖）の場での相手選びの最大のポイントも、寄生者（パラサイト）に強そうかどうかなのです（もちろん強そうな相手を選ぶ）。それは既に何度も触れてきた通りです。

こうしてみると個々の生物種、個々の個体は、寄生者（パラサイト）との戦いの中でそれぞれの個性を進化させた、と言っても過言ではないことがわかります。

寄生者（パラサイト）こそが進化の原動力！　ただ……これと矛盾するようでもありますが、我々はこうして寄生者（パラサイト）と激しく戦う一方で、共生というまったく逆の道を歩んでいることも事実なのです。

その様子を我々は、何とリアルタイムで見ることができます。

——エイズ。

十数年前、エイズと聞いて我々は震え上がったものです。エイズ＝死。それも感染して数年以内の死である、と。ところが最近の医学書をひもとくと、エイズ・ウイルスの潜伏期間は少なくとも平均一〇年とあるのです。

なぜそういうことになったのか？

それが宿主と寄生者(パラサイト)の共生化。宿主と寄生者(パラサイト)が攻防を続けるうちに、寄生者(パラサイト)がマイルドになる。それらが共生化の道を歩み始める、ということなのです。

つまり最初、寄生者(パラサイト)（エイズ・ウイルス）はそれはそれはひどいものだった。すぐに宿主（人間）を殺すなど、ひどい搾取の仕方をしていた。しかしそういうことを続けているうちに、周囲の人間の数が急速に少なくなってきた。やばい。これでは我身が滅ぶのも時間の問題ではないか（しかもそれは人間より先）。そうならないためにはどうすればいいのだろう？　そうだ！　人間をあまりひどく搾取しない、マイルドなウイルスに変化すればいいんだ……。

などと。

とはいえ、実を言うとこれはあまり適切な表現ではありません。エイズ・ウイルス自体がどうこうしようとして自分を変化させているわけではないのです。もう少し正確に、こう言い直しましょう。

人間を即座に殺してしまうようなエイズ・ウイルス――。

彼らは、他の人間に自分のコピーを移らせる時間もないままにその人間を殺す。ということは当然自分も消滅。つまり、その強すぎる〝殺傷力〟のために、自らの破滅をも

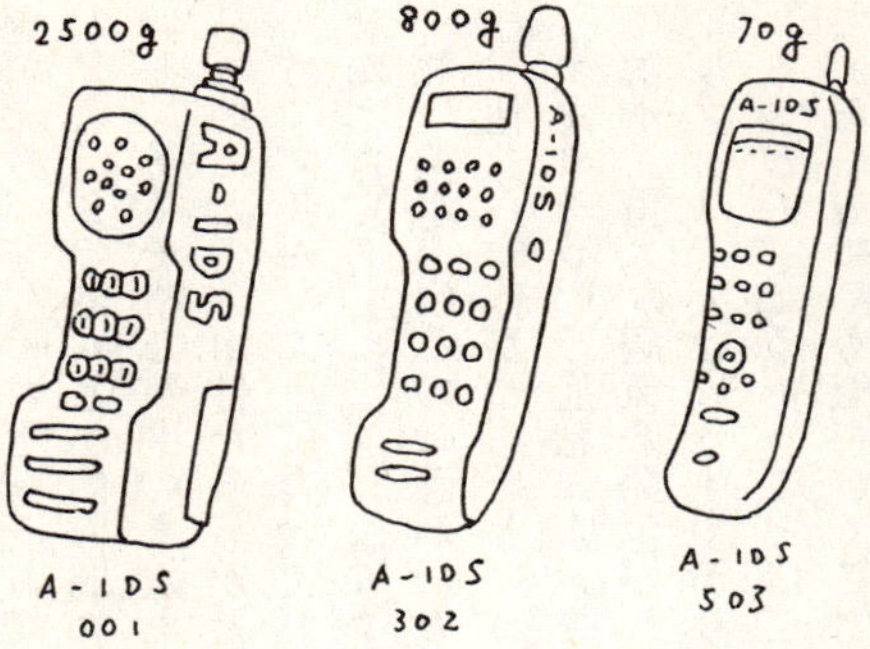

招いている。

　ところが人間をすぐには殺さず、しばらく生かしておくマイルドなエイズ・ウイルス——。彼らはその猶予の時間を利用して、他の人間へと自分のコピーを移らせることができる。そうして自身の勢力を広げていく。こうしてエイズ・ウイルスというものは、全体として一段階マイルド化する。

　しかしそこへ、それよりももっとマイルドなエイズ・ウイルスが現れる。もっと勢力を拡大することに成功。また一段階マイルド化する。

　こうしたステップを重ねるうちに、エイズ・ウイルスはどんどんマイルドな方向へと進化してきた——。

　寄生者（パラサイト）の目的は本来、宿主を殺すことではなく、自身が生きていくための場や環境、システムを宿主から借りること。となればますますマイルドな関係は大切だということになるのです。

　カゼ（インフルエンザではなく、普通のカ

ゼ）のウイルスもおそらく、これと似たような歴史を辿ってきているはずです。最初はひどく人間を搾取していた。しかしそうこうするうち人間との共生化の道を歩み始めた。人間はまだ、熱を出すなどして撃退しなければならず、完全な共生にはほど遠いようです。けれど、それでもかなりいい関係を築き上げているのではないでしょうか。よほどの老人とか体の弱っている人でない限り、カゼで命を落とすということはないし、そもそもご質問のあなたがカゼのウイルスの侵入を、わざわざ退治しなければならないほどの大事件だろうかと考えてしまうくらいなのですから。

さて、こんなふうに言っておきながら何なのですが（今回は言い直しが多くてすみません）、私はカゼについてはこんな別の考えも持っているのです。

熱や鼻水が出るのは確かにカゼのウイルスに対する体の防衛反応です。しかしそのとき、他ならぬ体がつらいということが大変重要なのではないか、と。

つまりそういう症状によって人は体を休めざるを得なくなる。疲労の蓄積は早い段階で解消、重大な病気の発生が未然に防がれる。要するにそういう意味で人間とカゼのウイルスとは、実はもうすっかり共生関係にあるのではないか――そう考えているのです。もっとも、こういうことはごく普通の人が知る経験則のようで、「カゼは万病のもと」である一方で、カゼをひくことで疲れを追い出す、などということが昔から言われています。

ともかくそうすると、カゼ薬に対する見方もがらりと変わるでしょう。それは、せっかくの共生関係の妨げにならないよう使うべき。飲んで体が楽になったからいつも通り働く、　などというのが一番愚かなことなのです。

クローン人間の人生

？　もしクローン人間ができたら、どの程度そっくりになるのでしょう。たとえば髪の毛の数、指紋は？　同時に同じ病気になるのか。同じ人を好きになるのか。同時にトイレに行くのか。同時刻に死ぬのか。親（？）の人生とまったく同じか？　よろしくお願いします。（三八歳、女）

A！　遺伝子の持つ力の大きさを、痛いほどに感じている。遺伝子が人間行動に、いかに大きな影響を及ぼしているかを強調しようとする。そういう人々（私もその一人です）に対し、十年一日のごとく、浴びせかけられている批判があります。

「何から何まで遺伝子によって決められているなんておかしい。遺伝子決定論だ！　我々はもっと自由な存在であるはずだ……」

おそらくこんなフレーズを、皆さんどこかで聞いたことがおありでしょう。その際、どんな感想を持たれたでしょうか。

「その通り！　いや、まったくそんなけしからん奴がいるとは。我々人間が、自分というこの存在が、何から何まで遺伝子になんか決められてたまるものか！」

あなたが、もしこんなふうにお感じになったのであれば、それは誤解です。今すぐ考えを改めてください。

「何から何まで遺伝子が決めている」と主張している人など、実は誰一人としていないのです。そもそも、遺伝子が何から何まで決めるなんてそんなこと、土台無理な話なのですから。

遺伝子とは何か。それがいったいどういう働きをしているのか。高校の生物の教科書程度の本をひもといたことのある方ならご存じでしょう。

遺伝子の実体はＤＮＡです。ＤＮＡの塩基配列がアミノ酸配列を決めている。アミノ酸がいくつも連なったものがタンパク質。ですから、遺伝子が指定するものは、要はタンパク質です。

ただ、そのタンパク質が、時に様々な化学反応を司る酵素であったりする。他の遺伝子の発現を開始させたり、ストップさせたり、という調節の役目を持っていたりする。その点においては確かに、何かを決める力を持っています。

だが、それ以上の存在ではない。絶対こうなる、という力も、ましてや全体を取り仕切る力など、持ちうるはずもないのです。いや、それどころか、こんな頼りないシステムによって、よくまあ我々は機能しているものだ。逆にそんなふうに心配になってしまうくらいなのです。遺伝子の世界に偶然やアクシデントの入り込む余地は、ありすぎるくらいにあります（さらに環境条件の入る余地も）。

こういう遺伝子の実態を知ってなお、遺伝子が何から何まで決める、と考えるとしたら……いや、いくら何でもそんな人はいないでしょう。

我々は、遺伝子の力を大いに認める一方で、遺伝子がすべてを決めるだなんて誰一人として言っていないのです。

なのに、言っているとされている。そのうえで批判される。何ともじれったい状況に我々は置かれているのです。

なぜ繰り返し、繰り返し、誤解されてしまうのだろう。いろいろ原因を考えました。いくつか浮かんだのですが、そのうちの一つについて説明しましょう。

批判者は、もしかしたらとんでもなく無知なのではないかということです。遺伝子が、本当はどういうものかを知らない。

こう考えるに至ったきっかけは、一九六〇年代末に発表された、ハゲに関するある論文を読んだことにあります。

そこにはハゲの原因として様々な説が紹介されているのですが、お馴染みの「男性ホルモン説」に始まり、「頭皮の拡張説」(頭の皮が引っ張られることによってハゲる)などといくつか続き、最後にバーンと「遺伝子説」なるものが登場するのです。

変だと思いませんか?

原因が男性ホルモンにせよ、頭皮が引っ張られることにあるにせよ、です。どんなことにも大なり小なり遺伝子は関わっている(たとえば、男性ホルモンのレヴェルに関わる遺伝子があるとか)。それなのに、それらと別個に遺伝子説というものが存在する。この点が変で、矛盾しているのです。

しかもこの遺伝子説なるものは、具体的なメカニズム? そんなの知らない、遺伝子

※全部で7つあるビミョーな違いを
探してみましょう。

A. 1.ハナ　2.クチ　3.ツノ　4.シッポ
5.ヒヅメ　6.チチ　7.ホクロ

はとにかくそうさせる力を持っているんだ（この場合ならハゲさせる）、絶対そうさせる、そうなる運命を決定しているんだ、と遺伝子を強引に解釈しない限り、出てこない考えなのです。

はははあ、と私は思いました。今から三〇年以上前には遺伝子の働きがまだよくわかっておらず、学者でさえこんなふうに捉えていたんだ。遺伝子はすべてを決定する運命のようなもの、万能の存在……。おそらくそれは、不幸にも一般常識として定着することになったのでしょう。

これで一つ解けたような気がしたのです。批判者たちは、まだ古い〝常識〟の中にいる……。

前置きが長くなりました。ご質問のあなた。私がこんなにも長々と話をしてしまったのは、あなたが遺伝子について、まさにこの旧式の考えを、何の疑いもなく抱いていらっしゃるように思われたからです。遺伝子とは何から何まで、トイレに行く時刻、死の時、そして全人生を決定する運命のようなものだ、と（ここまで極端なお考えではないでしょうが)。

で、どうでしょう。遺伝子についての誤解を解いていただけましたか?

ではご質問の、クローンがどれほど本人に似るかという問題にかからせていただきますが、我々は既に、いくつもの実例を知っているのです。

一卵性双生児——。

一卵性双生児は、受精卵が発生のごく初期の段階で二つに分かれた。その結果、二人の人間となった。だから遺伝的にまったく同じで、正真正銘のクローン、天然のクローンなのです。

一卵性双生児を観察すれば、あなたのクローンがあなた本人に外見や性格、はたまた人生がどれほど似るかということが、かなり推定できるはずです。

一卵性双生児が、顔などの外見がそっくりなことはもちろんです。しかしそれは、しばらく接しているとわかってくるような微妙な違いを含んでいるのも確かです。私が何組かの一卵性双生児を学習塾で教えた経験からしてもそうです。いや、それどころか彼らは、性格や行動ということになると、むしろ正反対の様相を呈することもしばしばです。社交的なエミちゃんに対し、内気なユミちゃん、みたいに。

一卵性双生児は遺伝的にまったく同じ。でも、偶然や本人の体験などによってかなり違った性格、行動を身につけ、別個の人生を歩むことになるのです。トイレに行く時間がいっしょだとか、伝染性のものならともかく、同時に同じ病気にかかるだとか、ましてや死の時が一緒だ、などということはないのです。

一卵性双生児という、育った環境や時代が一致するクローンでさえこうです。あなたとあなたのクローンという、誕生に時差を持つクローン。それらがどんな違った人生を歩むことになるかは、推して知るべしです。

大石内蔵助の遺伝的損得勘定

今年は赤穂浪士の討入りの発端となった、殿中松の廊下の刃傷事件（一七〇一年、元禄一四年）からちょうど三〇〇年目にあたります。それで一つ思ったのですが、赤穂浪士の仇討ちは、随分異色なのではないでしょうか。たとえば日本三大仇討ちの他の二つ、つまり曾我兄弟の仇討ちと荒木又右衛門の鍵屋の辻の仇討ちは、前者が父の仇を子が討つ、後者は弟の仇を兄が討ち、彼らの義理の兄である又右衛門が助太刀する、というケースです。仇討ちといえば、血縁者が行なうというのが常識なのです。ところが赤穂浪士の場合、主君という血縁のない者に対する仇討ちです。だからこそ、立派だ、武士の鑑、と大変な喝采を受けましたが、でも、それで彼らは何か得をしたのでしょうか。本人たちは切腹してしまったわけだし……。（四〇歳、男）

大石内蔵助以下、浅野家の旧家臣たちが、喝采は得たけれど……ということですが、まずこんな話から始めましょう。

大石が討入りを決意するのは、元禄一五年（一七〇二）、七月のことです。実はそれまでの彼は、お家の再興の方にかけていたのです。しかし同一八日、浅野内匠頭の弟の浅野大学への処分が最終的に決まり、再興の望みが完全に断たれます。

二八日、彼は京都、円山に同志を集め、会議を開きます（円山会議）。当然、討入る以外の選択肢はありえず、討入るための東下りが決定されます。

この後、同盟者の一部が脱落するのですが、興味深いのは、彼らのかつての石高です。立石優氏の『忠臣蔵99の謎』（PHP文庫）という本によると、円山会議の時点で一二〇人いた同盟者が、十月の東下りの時には四八人に減っている。つまり、七二人の脱落者がいる。このうち五二人（七二パーセント）が石高百石以上なのです。石高の高い者がよく脱落し、低い者はあまり脱落しなかったという傾向があるのです。

立石氏はこの現象について、こんなふうに解釈しておられます。

石高の高い者は、お家再興となれば元の高い石高に就くことができる。だからそれを待っていた。しかしその望みが断たれたので、今度は他の藩の、やはり高い石高に就いている親戚、縁者を頼るという方向へと転換した。だから脱落した。

一方、低い石高の者は、お家再興になろうが、運よく他藩に仕えることになろうが、状況に大差はない。そこで、よく言えば純粋に、悪く言えばやけくそで、討入りの道を選んだのだ――。

石高の高い者たちの解釈については、その通りだと思います。でも、低い方の者たちについて、私はこんな解釈をしてみました。

彼らは敢えて「名誉」を得る道を選んだ。

討入ることの利点は、かつての石高や身分とは関係のない、大きな名誉が手に入るということではないでしょうか。測りしれないほどの宝……。

もちろん、討入りの後には切腹が待っていることは確実。名誉を得ても、本人は生き残ることができません。

でも、名誉というものは、本人よりも、むしろその血縁者の方が恩恵に与るものなのです。

彼らの血縁者はその後、婚姻、経済的問題など様々な局面で、名誉の恩恵に与ったはずです。そして遺伝子を有利に残すことができた……。ということは当然、義士本人の遺伝子も、間接的によく残された。つまり、義士たち、特に身分の低い者たちが、単に名誉を得たい、名を残したいという一心から行なった行為の本質は、こういうことだったと思うのです。彼らは損どころか、遺伝的には大いに得をしたはずです。

とはいえ実際のところ彼らの血縁者が、どう繁殖したのか。残念ながら詳しい記録は残っていません。ここでは例として適切ではないかもしれませんが、大石内蔵助本人について追跡してみましょう。彼が、討入り成就という名誉によってどういう遺伝的利益を得たのか。

大石にはまず、皆さんご存じの主税という長男がいました。彼は周知の通り、父とともに討入り、切腹しています。享年一五。

次男は、吉千代と言います。彼は大石が妻、理久と離縁した後、母とともにその実家に身を寄せていましたが、討入りのわずか二カ月前に出家。幕府のお咎めを逃れます。ところが皮肉なもので、その七年後、弱冠一九歳で世を去ってしまいます。

長男も次男も夭逝。大石の名誉は直接の子孫に有効利用されることはなかったのでし

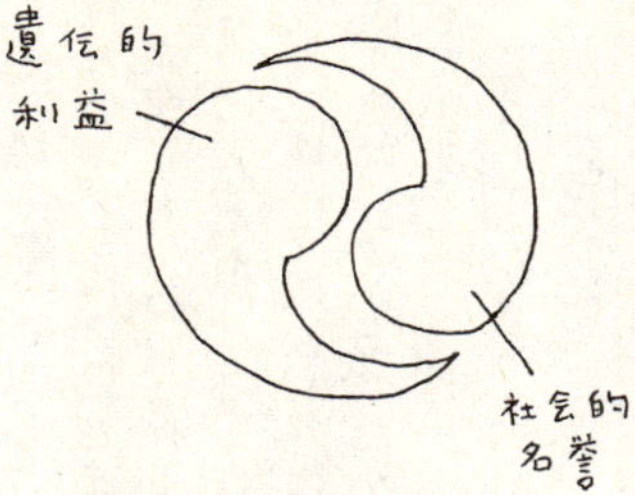

上図）大石式損得勘定。

右図）その人物像。

ょうか。

しかし、彼には今一人の男子があったのです。滑り込みセーフの子が。理久を離縁したとき、彼女が宿していた、大三郎です。彼が波乱の人生を歩んでいる。

大三郎は討入りの約五カ月前、理久の実家である但馬の石束家で生まれます。しかし生後百日で——ということは大石が討入りのために京を去り、江戸へ向かった頃（いわゆる東下りの頃）——養子に出されます。

ところがそれでもまだ危ないと考えられ、さらに三カ月たったとき——ということは討入りが果たされ、義士の切腹まであと一カ月という頃——もう一度養子に出されるのです。

幕府はこのいずれの場合も見逃しませんでした。結局、赤穂浪士の遺児は一五歳になったら島送り（但し、女子と僧籍にある者は除く）、という幕府の取り決めに従い、彼は島送りの日を待つ身となってしまったのです。

しかしやがて吉報が……。将軍綱吉が亡くなり、大赦が発令されたのです。これが宝永六年（一七〇九）のこと。島送りの件は撤回です。

その機会を今や遅しと待っていたと思われるのは、安芸の浅野本家。大三郎が一二歳になるや、父内蔵助とまったく同じ、千五百石という石高で召し抱えるのです。「赤穂浪士、あっぱれ！」という世論に対し、「ほら、我が浅野本家は大石の遺児を、蔑ろになんかしていませんよ」というディスプレイであるようです。

大三郎は元服後、外衛良恭と名を改め、やがて藩主の一門の浅野帯刀の娘を娶ります。彼ら夫婦に子があったかどうかわかりませんが、その後彼は離婚、結婚を何度か繰り返しています。

こうしてみると、大石内蔵助の遺伝的損得勘定は差し引きゼロといったところでしょうか。討入りによる名誉が、彼と長男、次男の命の損失を補った……。だが、それだけではないのです。彼には、理久との間に二人の娘がありました。

空とさわ。空は夭逝していますが、さわは大三郎と同様、養子に出され、運命に翻弄されるものの、彼の浅野本家召し抱えとともに、母ともども安芸へ赴きます。そして、るりと名を改めた後、浅野家重臣、浅野監物と結婚。二男、四女を儲けているのです。

これで大石の遺伝的損得勘定は、完全にプラスということに。

さらに！　彼は理久と離縁の後、お軽という愛人を持ちました。彼がお軽と過ごしたのは、たった数カ月間。でも、しっかり子は残しています。

恐るべし、大石内蔵助！

オスの三毛ネコの謎 前編

？ 三毛ネコというのはたいていメスで、オスはめったにいないと言います。だからこそ三毛のオスは、船の守り神として崇められたりするわけですが、どうしてオスの三毛ネコは大変珍しいのでしょうか。（五五歳、女）

A！ 私がかつて所属していた、京都大学理学部動物学教室第一講座。その二代目の教授に駒井卓（たく）先生という人がいます。私の師匠の日髙敏隆氏は四代目なので、その先々代の教授ということになります。

この駒井先生、私が研究室にいた一九八〇年代前半頃には既に亡くなっており、面識はありません。しかし、私の抱く印象はと言えば、ひたすら優雅な趣味人。たとえて言えば、一九世紀のイギリスなどに多く見られたリテラート、有り余る財力を背景に仕事は持たず、趣味で博物学などの研究をする人……。そう、氏はダーウィン、大学の教官という職に就いているところは違うけれど、ともかくダーウィンのような人なのです。

実際、大学のすぐ近く、北白川の疏水沿いに今も残る駒井邸は、何でも歴史的価値の高い洋風建築だそうで、管理人の下に保存されています。かつての応接室ではミニコンサートや講演会が催されている。いつだったか、疏水沿いの道を散歩していたら、「駒井邸はどこですか」と尋ねられ、ちょっと誇らしい思いをしました。

その駒井先生の研究テーマの一つが、何とネコの遺伝。三毛ネコにはなぜごく稀にオスがいるのか、ということなのです。

三毛ネコにオスがいるのはなぜか——。

この謎に関わる研究については遺伝学が始まって間もない、二〇世紀初頭から登場します。しかし研究は二〇年代にいったん停滞期に入ってしまい、五〇年頃から再び活動期に入る。ここで駒井先生の登場となります。

では、さっそく先生の説を紹介しましょう、と言いたいところですが、その前に、ネコの毛色の遺伝、特に三毛ネコはどういう仕組みで三毛となり、それが三毛のほとんどがメスであることと、どう関係するのか、ということについて説明しなければなりませんね。

そもそもネコの毛色や毛の長短については、一〇くらいの遺伝子の座を考えなければならないのですが、我々が普通に出会うネコなら（洋ネコ系は別として）、次の四つで事足ります。

Ｗ　Ｏ　Ａ　Ｓ

ＷはホワイトのＷ。全身真っ白の白ネコは、このＷという優性の遺伝子を少なくとも一つ持ったネコです。Ｗは毛色に関して最強の（つまり他の遺伝子よりも「上位」の）遺伝子で、Ｗ以外の遺伝子座がどういう状態であろうと、とにかくＷを一つ持ってさえいれば、全身真っ白となってしまいます。

そういうわけで、たとえば親の一方がＷｗの状態の白ネコの場合、子はＷかｗのどちらか一方をランダムに受け継ぐわけで二分の一の確率で白ネコが生まれる。もし、その親が大変珍しいＷＷの白ネコなら、子は全員Ｗを受け継ぎ、全員白ネコということに。だから白ネコの周辺には白ネコが大変多いのです。

ちなみに脚やお腹のあたりなど、部分的に白いネコは、後で説明しますが、白ネコとはまったく別の理由で白いのです。

Ｏは、オレンジのＯ。オレンジというより茶というべきでしょうが、この優性の遺伝子はＷさえ存在しなければ、他の遺伝子座の状態がどうあれ、地の色として茶トラの毛色を出現させせます。

但し——これが後のオスの三毛ネコ論議とも関わる肝心な点ですが、このＯ遺伝子は性染色体のＸの上に存在するのです。

人間と同様、ネコの性染色体も、オスがＸＹ、メスがＸＸという状態です。

つまり、オスではもしＸ上にＯがあれば、Ｙはこの件に関係しないので、とにかく茶トラになる。もしＸ上にＯがなく、代わりに劣性の対立遺伝子、ｏがあるのなら、やはりまたＹは関係ないので、茶トラではない。この場合、毛色は次のＡ遺伝子の有無に委ねられます。

メスではどうか。メスはＸＸの状態なので、ＯＯとｏｏ、そしてＯｏがありえます。

ＯＯの場合……むろん茶トラ。

ｏｏの場合……Ｏがないので、毛色は茶トラではなく、次のＡ遺伝子に持越し。

です！

Ｏｏの場合……Ｏがあるから茶トラ？　いえいえ、これこそが三毛の、三毛たる所以

実は、メス（女）の場合、体を構成している細胞の一つ一つは、二つあるＸの、どちらか一方だけその働きを発現させていて、他方は発現しないよう、その働きを抑え込んでいるのです（これを不活化と言う）。

しかもその、どちらのＸを抑えるかという決定は、受精卵がある程度細胞分裂したところでなされ、以後の段階には変更はないのです。Ｏｏ型のメスネコの場合、大事な決定の時期にＯの載っているＸが抑えられたのなら、以後いっさいＯの働きは現れない。ｏの載っているＸが抑えられたなら、Ｏの働きが現れ続けるというわけです。

不活化というスイッチは二度と入らず、細胞はどんどん分裂し、増殖。だからＯの載っていたＸが抑えられた細胞が増えることでできた一定の領域には、決してＯの働きが現れない。逆に、ｏの載っていたＸが抑えられた細胞が増えてできた領域には必ずＯの働きが現れる、つまり茶が現れる、ということになるのです。こうして茶とそうでない領域とが、まだらとなって体の表面に現れます。

その茶の現れない領域に、キジトラが現れてキジ三毛になるか、黒が現れて黒三毛になるかは、次の遺伝子、Ａの問題です。

Ａはアグチ（キジトラ状の毛色の野生のげっ歯目の動物）のＡで、まさにキジトラの毛色を出す元です。

ＡはＷ、Ｏよりも影響力が弱い優性の遺伝子で、ＷもＯもないとき、ようやく出番と

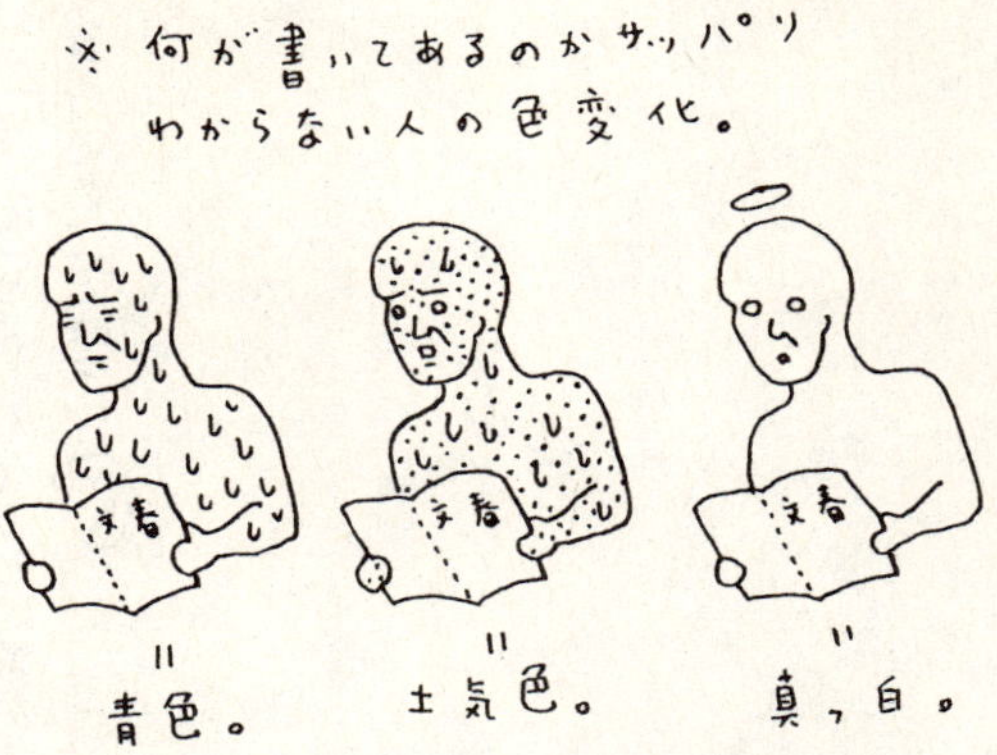

なる。性に関係なく、ＡＡ、あるいはＡａでキジトラ、ａａではキジが消えて黒となります。するとと、三毛ネコという特殊事情の持ち主の場合はどうか。Ｏの働きが抑えられ、茶ではない領域が、どういう条件でキジとなり、また黒となるのか？

――そう、彼女のＡの遺伝子座が、ＡＡ、もしくはＡａでキジ、ａａで黒です。

さて、最後はＳ。Ｓはスポット（ぶちとか斑点）のＳです。

このＳという遺伝子。話は前後することになりますが、実は、全身を真っ白にするＷを別とすれば、どの遺伝子よりも強い力を持っているのです。

つまり、茶トラとか黒とかの地の色に関係なく、ＳＳなら、脚から始まり顔と背中のあたりまで白く（とはいえ地の色は必ず残る）、Ｓｓなら、両足とお腹と顔のあたりまで白くさせる。ｓｓで、初めて白い部分が入らないのです（つまりSは不完全優性）。三毛ネコの白い部分は、このSの効果によります。

ともあれ——。三毛ネコの最大のポイントは、性染色体Xが二つあり、Ｏｏの状態となっていること。こんなことはXが一つしかないオスでは無理。無理なのに、なぜ稀にありうるのでしょう。

オスの三毛ネコの謎　後編

オスの三毛ネコが珍しいのはなぜですか。（五五歳、女）

というご質問に、三毛ネコはいかにして三毛状態になるのか、遺伝子の状態はどうなのか、ということをまず説明しました。

三毛ネコのポイントは、性染色体のＸが二つあること、しかも茶の毛色を出させるＸ上の遺伝子Ｏが、一方にはあり、他方にはなく、Ｏｏの状態になっていることです。メスは性染色体がＸＸの状態なので、こういうことはしょっちゅうありえます。

しかしオスは、性染色体がＸＹの状態でＸが一本しかない。Ｏｏの状態はありえず、よって三毛にはなれないはずなのです。

ところがたまにいる。いったいどのような絡繰(からく)りによって、オスでも三毛になってしまうのでしょう。

我が駒井先生は一九五〇年代に、こんな仮説を考えています。

オスの三毛ネコは確かに、性染色体についてはＸＹである。Ｙがあるからちゃんとオスである。しかし彼の父親の細胞（もちろん性染色体はXYの状態）が精子をつくるべく減数分裂を行なった際に、X上にあった遺伝子Oが、交叉によってYに移ってしまった。そのOを持ったY精子が、X上にoを持つ卵を受精させて彼が誕生した。

あるいは同じく減数分裂の際、X上のoがYに移り、そのY精子がX上にOを持つ卵を受精させて彼が誕生した。いずれにしてもOoという状態が実現。ゆえにオスなのに三毛という事態が生ずるのだ――。

交叉とは、生殖細胞をつくりだす、減数分裂などの際に、ペアとなる染色体どうしが、その一部を交換することです。XとYとは他の染色体とは違い、完全なペアではありません。しかし一部分ペアになっている領域があって、そこが交叉するのです。

そこで、O（o）はそのペアになっている領域か、その近くにあるに違いない。そして交叉という機会に乗じ、時にYに移るのだろう、と先生は考えるわけです。

肝心のOoという問題は、XとYの交叉によってX上のO（o）をYへ移動させることでクリアする。なるほど……。

ただ、駒井先生。一つ言わせていただきたいのですが、三毛ネコのオスにはたいていの場合、生殖能力がないことが知られています。先生のお考えは、この事実と矛盾してしまうような気がするのです。先生の説によるとオスは、O（o）がY上に移住しているというだけで、たとえば染色体の数が一本多いというような、生殖不能を引き起こすほどの事態には陥っていない。生殖は可能のはずなのですが……。

ともかく、そうこうするうち一九六〇年になりました。駒井先生は、私信などで海外の学者と交流するうちに、こんな説を打ち出している人がいることを知ります。それは、三毛のオスは性染色体についてXXYの状態になっているというもの。人間で知られているクラインフェルター症候群という現象が、ネコにもあるのではというのです。

クラインフェルター症候群とは、一九四二年にH・F・クラインフェルターらによって発見された現象で、この症候群の人々は、外見的には男性で背も高いものの、わずかに乳房がある、ヒゲが生えない、睾丸が小さい、知能低下、生殖能力がない、といった症状が現れます。

XXYとなる原因は、生殖細胞がつくられる際に、うまく減数分裂しないことにあります。普通はXの卵、そしてX精子かY精子かがつくられるのですが、XXの卵か、XYの精子がつくられるのです。このXX卵、XY精子がそれぞれ、正常なY精子、卵（X）と融合し（つまり受精が起こり）、XXYの状態になるわけです。

ネコの場合、こういうふうにクラインフェルター状態にあると、由来の違う二つのXでOoが、Yでオスという条件が揃い、オスの三毛ネコが実現するはずなのです。

実は、この考えこそが、翌六一年に『サイエンス』に掲載された、チューリン&ノービーの仮説です。

チューリンらは、当時ようやく可能となった細胞培養の技術を利用し、オスの三毛ネコの細胞を実際に培養。性染色体が確かにXXYという状態になっていることも突き止めています。

これで決まり！　と思われました。実を言うと、私がこのご質問のために勉強するまで持っていた知識も、この段階までです。オスの三毛ネコは、性染色体について人間のクラインフェルター症候群みたいな状態にある、生殖能力がないのもそのためだ、と。

しかしその後こういう〝クラインフェルター〟（正確に言えば、単純な〝クラインフェルター〟）は、オスが三毛ネコとなる理由の三分の一くらいであり、もう二つほど大きな理由があることがわかってきました。

一つは、体が、性染色体についてXYである正常な細胞、そしてXXY、XXXY、XXXY、XXYYなど、Yはあるが、Xが普通より本数が多い細胞、による様々な組み合わせによってモザイクになっているということです（実は、本家、人間のクラインフェルターの場合にも、単純なXXYというケース以外に体が、XYとこういう複雑なクラインフェルター型性染色体を持つ細胞との組み合わせによるモザイクになっていることがあります）。

このいずれのケースでもオスであること、そしてXXがOoであった場合のように毛色が所々で茶色だという状態が実現しえます。Xが何個あったとしても、発現するのは一つだけ、残りは活動が抑えられてしまうからです（例の「不活化」。ちなみに、生殖能力のあるオスの三毛は、このようなオスの一部に登場します）。

オスの三毛ネコが存在することのもう一つの大きな理由は、〝クラインフェルター〟とは関係ありません。

体の細胞が性染色体について、たとえばXYとXYのモザイクになっているというも

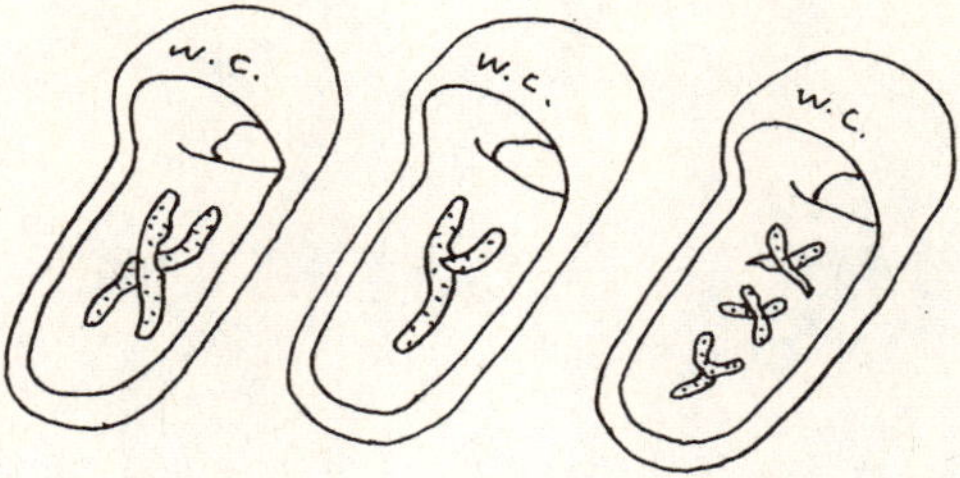

※本文とは関係ありません。

のです（このモザイクという現象。母親の子宮内で、本来別の個体に育つはずの複数の胚、つまり胎児のごく初期の段階のものが融合することで起こります。だからＸＹとＸＹのモザイクという場合のＸとＸ、ＹとＹは、それぞれ別物です）。

ともあれ、Ｙがあるのでまずオスたりえる。そして由来の違うＸが二つあり、それぞれが働く場所がモザイク状になっている。そのため茶色のまだらが実現することがあるのです（こういうオスにも生殖能力がありえます）。

この、決定版とも言うべき考えが提出されたのが、一九八四年。駒井先生が亡くなった一二年後です。オスの三毛ネコ論争にはついに決着がつきました。この謎に関わる初めての論文が出たのが一九〇四年で、ちょうど八〇年の年月を要したことになります。長いというべきか、短いというべきか。決着がついて寂しいような気もしないではありません。

天国の駒井先生、ともかく今やこういうことになっているんですよ。

えっ、反論がある？

カッコウの托卵作戦の真実

カッコウに托卵(たくらん)された鳥が、我が子とは似ても似つかぬカッコウのヒナに、自分よりはるかに体が大きくなったあとも、一生懸命エサを与えている。そんなシーンをテレビの動物番組などでよく見ます。バカじゃなかろか、と思います。どうして彼らは、そんな行動をとるのでしょう。本当に我が子だと思っているのでしょうか。

（二一歳、女）

カッコウに托卵されるのは、オオヨシキリ、モズ、オナガなど、カッコウよりはるかに体の小さい鳥たちです。

カッコウは、その宿主に対し、彼らのサイズにあわせた小さな卵を産みます。しかも色や模様も似せた、そっくりの卵。その卵を彼らの留守を狙い、産み込むのですが、所要時間はたった一〇秒。しかもそのとき、宿主の卵をひょいと一つ、二つくわえ取ることを忘れません。

ここまで完璧にやり遂げるわけで、この時点で托卵される鳥を、アホと言うことはできないでしょう。でもここから先は、ちょっとアホかもしれません。

経験を積んだ鳥なら、怪しい卵を発見、取り除くこともできます。でも、宿主はしばしば托卵されたことにさえ気づかず、卵を暖め続けます。

するとまず、他の卵に一歩先んじてカッコウのヒナが孵る（そういうスケジュールになるよう、カッコウの親は少し発生の進んだ卵を産んでいるのです）。その生まれたての、何とも弱々しいヒナが、宿主の卵（あるいはヒナ）を背中に載せ、巣の壁をバックしながら登る。そして最後に、「えいっ」とばかりに巣から卵（ヒナ）を放り出してしまうのです（この行動のために、彼らの背中には、卵やヒナの大きさにあわせた窪みさえ進化しているくらいです）。

こういうことをすべての卵（ヒナ）に対して行ない、結果として巣には、彼（彼女）以外に残らないのです。

変だとは思わないのでしょうか。残された、たった一羽のヒナに対し、夫婦は彼らの全力を傾けてエサを与え続けます。

そうこうするうちヒナは〝親〟を追い越し、はるかに立派な体を発達させます。それでも彼らは、エサを与えることをやめません。やはり、相当なアホなのかも……。

しかし、「単にアホと言うわけにもいかない。これにはちゃんと理由があって……」と動物行動学の分野では考えます。

たとえば、宿主はカッコウのヒナによる「操作」に負けているという説。

カッコウのヒナの口の中には赤い模様があります。これが宿主のヒナのものより、はるかに赤く、大きく、口を開けると強烈な信号が発せられます。宿主はこの「超正常」の刺激に、催眠術にでもかけられたかのような状態になり、ついふらりとエサをやってしまう、というのです。

そういう激しい刺激には反応せず、本当のヒナのものにだけ反応すればいいではないか、という気もしますが、そうもいかないらしいのです。

宿主は、カッコウの親に脅されている――。

これは、ひねくれた考えを次々提出することで有名な、イスラエルのＡ・ザハヴィの「マフィア仮説」です。カッコウの親は、時々托卵した相手の巣を訪れ、「どうだい、オレの子をちゃんと面倒見てくれているかい。もし、手抜きでもしてみろ。そんときゃ、お前、どんな痛い目に会うか、わかってるだろうな」と脅迫しているというのです。

もっとも、この仮説にとっては、実際に脅迫しているとか、それらしき場面が観察されることが必要ですが、これが全然ない。ザハヴィの仮説には、初め随分バカにされたのに、後に場外ホームランとなった例もありますが、残念ながらこれは三振の方でしょう。

「マフィア仮説」は一九七九年に提出されていますが、九七年になると彼は、こんな仮説をひっさげて巻き返しを図ります。

宿主の夫婦は、自分たち夫婦の仲が壊れないよう、カッコウのヒナを利用している――。

即ち、「プレスティージ（威信）仮説」。

カッコウに托卵される鳥は一夫一妻の婚姻形態である。協力して子育てをする。すると、これら夫婦にとって一番大事なことは、ちゃんとヒナにエサを与える能力がある、と相手に知らしめることだ。残念なことに、今回はカッコウに托卵されてしまった。しかし次の繁殖のために、このヒナを使ってエサやりの能力を証明する。こうして自分たちの威信のために、我が子でもないカッコウのヒナにエサをやり続ける、というのです。うー、またもや、超ひねくれ仮説……。

それにしてもこれら仮説の数々ですが、いずれも宿主を、アホとは言わないまでも、「ややアホ」くらいに考えています。私は、この点が気にかかる。

私ですか？　宿主がアホだなんて、とんでもない！　私は彼らに、君たち最高！　と絶賛の拍手を送りたいくらいなのです。

そもそも動物の世界でアホに見えること、どんなにバカバカしく思えることがあっても、です。それは本当の意味ではアホではない。遺伝子のコピーを残すという本質においては、アホではないはずです。

なぜなら遺伝子のコピーを残すという本質においてもアホ、つまり不利なら、まさにそのことによって、そのアホな行動自体が残って来ることはないわけですから。

宿主がカッコウのヒナを育てる。それが、本当の意味でアホなら、そのアホな行動自体が現在、存在しえないはずなのです。

カッコウを一目見てハッと気づくのは、胸のあたりの白黒のだんだら模様です。ハイタカやハヤブサの胸にそっくり。そう言えば目つきも何だか鋭くて、ますます猛禽類っぽい感じです。

つまり、カッコウという鳥のポイントは、見た者が一瞬、猛禽類かと思ってびっくり

する、という点にあると思うのです。猛禽類に似ている、擬態(ぎたい)していると、どうなるか。

　宿主の卵やヒナを狙っている、イタチやネズミ、ヘビなどの捕食者が恐れをなし、巣の周辺から逃げていくでしょう。カッコウとは道路脇に立つ、警官の人形みたいなものなのです。ドライバーが、びくっとして思わずスピードを落とす、あれです。

　しかし、そうは言っても、巣の中に自分たちのヒナがいるわけでもなし、捕食者が逃げても意味がないのでは？

　で、ここでポイントになるのは、巣のごく近くで宿主の血縁者が繁殖しているはずだ（カッコウに托卵されていなければ）ということです。そのヒナたちの命が助かる。こうして彼らを通じて遺伝子が残されるのです。「警官人形」を製作するのはそのためではないでしょうか。

　こう考えると、ますます謎が解けてきます。

自分よりはるかに大きいヒナに、なぜ嬉々としてエサを与え続けるのか。

「おっ、いよいよ〝警官〟らしくなってきたぞ。よし、もう一息だ。たくさん食べて、立派な〝警官〟になってね」というわけ。

宿主はバカじゃない。カッコウとは互角。そうでなくて、どうして動物と言えましょう！

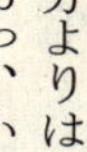

キリンの首の進化論

？ダーウィンの進化論のウィーク・ポイントとしてよく話題になるのが、キリンの首です。つまり、あのように大掛かりな構造が、単に高い所にある葉を食べられるという利点だけで進化するだろうか、という問題です。直感的に考えても変だと思います。キリンの首の伸びには絶対、もっと別の、何か重大な理由があるはずです。どうお考えになっていますか？（二五歳、男）

？まず、皆さんの抱いておられる大いなる誤解を解くことから始めましょう。

ダーウィンはキリンの首について、高い所の葉が食べられるから進化した、などとは言っていない。いや少なくとも、メインの主張としては言っていないのです！

彼は『種の起原』第一版（一八五九年）の中でキリンについて議論していますが、それはまず、首ではなく尾について。

キリンの尾は先の方が房のようになって、まるでハエたたきのような格好をしているが、それはまさにハエを追い払うという機能のために進化した。

少しでもよくハエ（ツェツェバエ）を追い払うことのできる個体は、そうでない個体よりも生存率が高いはずだ。ハエにつきまとわれることによるエネルギーの浪費を防げるし、そもそもハエは何らかの病原体を媒介するからだ。

キリンの尾は、最初は単に先の方がほんのちょっと丸いだけだっただろうが、こういうステップを重ねるうちにだんだん〝ハエたたき〟としての機能を高めてきた。結局、今やキリンの尾はハエたたきそっくりの形になってしまったのだ——。

というような具合に、自らの自然淘汰説によって説明しているわけです。

キリンの首についての議論は、その後確かに登場します。ただそれは、改訂第六版(一八七二年)においてようやくなのです。

『種の起原』は出版されるや否や大反響を呼び、当然のことながら批判の声の方も大変なものでした。第六版で彼は、それら諸々の批判に対し、一章を設けて答えています。

その批判の一つが、キリンの首や体みたいな大掛かりなものが、たとえば高い所の葉を食べられるという利点だけで進化するだろうか、高い所の葉を食べられるという利益が、巨大な首や体を成長させるという栄養的なコストを上回らねばならないわけだが、はたしてそうだろうか、というものなのです。

いいですか、よく聞いて下さい。

ダーウィン自身は、首についても、高い所の葉云々ということについても、まだ何も発言していない。それなのに、先回りして批判だけはされてしまったのです。この批判をした人物はG・マイヴァートと言います。

ダーウィンはしかし、冷静にこう反論します。

キリンは長い首や大きな体によって高い所の葉を食べられるようになったということはもちろんだ。しかしそれらは、その目的もさることながら、肉食獣に対する防衛にも役立つから発達したと言うべきではないだろうか。

その先に角という武器がついた巨大な首と頭を振り回すことは、かなりの攻撃になるに違いない。ライオンのような相手に対しては、しばしばそれが通用しないかもしれないが、その場合長い首は〝見張り塔〟の役割を持ち、いち早く敵を発見することに役立つだろう。

それやこれやと総合的に考えるなら、巨大な首と体によって得られる利益は、それらを発達させるための栄養的なコストを十分に上回るはずである――。

肉食獣に対する防衛という点に目をつける。さすがはダーウィンです。それは生と死に直結する問題で、高い所の葉が食べられるかどうかというような悠長な話ではないのです。進化に与える影響ということでそれは、何倍、何十倍もの重みを持っています。キリンの首と体は、本当は肉食獣対策として進化したと言って間違いないでしょう。

ダーウィンは、高い所の葉云々だけでなく、肉食獣対策としてのキリンの首というものを説明している。キリンの首についての議論は、けっして進化論の弱点ではないのです。

ただ、この議論には非常に惜しい点もある……。

肉食獣と戦うときのキリンは、実は首を振り回すのではなく、前脚で蹴るのです。後ろ脚よりも長い前脚で。ライオンがキリンに蹴り殺されるという例が事実いくつもあります。

キリンは高い所の葉を食べるために首と体を発達させたのではないことはもちろんですが、かと言って、首を振り回して武器にするわけでもないのです。首は確かに〝見張り塔〟にはなるでしょう。しかし、その利点のためだけではあんなに長くはならないはずです。

では、そういうあんたはどんなふうに考えるのか？

はい、待ってました。おまかせ下さい！

私の見るところ、キリンの本質は首ではない。

脚！

それも、前脚！

そのキック力にあるのではないかと思うのです。首は、脚が発達した都合上、やむなく伸びざるをえなかっただけではないのか、と。

脚が長く、発達したキリンは、そうでないキリンよりも肉食獣の餌食になることが少なかったはずだ。そうしてキリンはだんだん脚が長くなってきた……。

ただ、ここで困った問題も一つ発生してしまった。口が、水溜りの水や丈の低い草に届かなくなってきたのである。

膝を折ればよいのではないか、という意見もあるだろう。だが、もしそういうことをして水を飲んだり、草を食べていたりすると、肉食獣が襲ってきたときにどうなるだろうか？

そう言えば、いつだったかテレビで、正座しておじぎをしているキリンの写真というものを見たことがあります。しかしそれは、そういうことが滅多にないからこそ取り上げられただけ。キリンは普通正座、いや、膝を折ることはないのです。

ともかくそんなわけで、キリンは脚を伸ばす一方で、首をも伸ばし始めた。むろん口を地面に届かせるためである。いや、正確には、そうすることに成功したキリンが自然淘汰で残ってきたのである——。

とまあ、こう考えるわけです。

実際、地面に口を近づけるとき、彼らは必ず前脚を開きます。それは脚の伸びが、常に首の伸びに先立って起きていること、キリンという動物の本質は首ではなく脚にあることを物語っているのではないでしょうか。

もし首の伸びの方が先なら、彼らは前脚を閉じたまま口を地面に近づけることができるはずです。

高い所の葉を食べられるというのは、脚を伸ばし、首を伸ばして〝高層建築〟になったということの副産物。特殊な進化を遂げたことへのご褒美みたいなものでしょう。

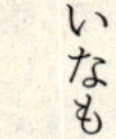

第四章　家族についての？

簡単便利な子作り法　停電・別居・SM・旅行

結婚して三年になります。一年くらい前から子作りに励んでおりますが、未だ成果は現れていません。不妊治療というのも何だか恐ろしいし、まだその段階ではないと思っています。動物行動学的に何か、簡単な子作りの方法があったらお教え下さい。（三〇歳、女）

不妊とは、子作りの努力を始めて二年間たってもできないという状態を言うそうです。

あなた方ご夫婦は不妊治療の前にまだまだチャレンジすることがあります。実は、私のアドヴァイスに従い、子作りに成功したと思われるご夫婦が何組もおられます。動物行動学的知見に基づく、簡単便利な子作り法をいくつか伝授いたしましょう。

処方　その一

すべての部屋の明かりを消して、しばし停電の恐怖を味わう。しかる後、真っ暗な中で手さぐりで「行なう」。

ニューヨークの大停電、という有名な話があります。一九六五年一一月九日、午後六時（現地時間）、ニューヨークを中心とするアメリカ北東部、そしてカナダにかけての一帯が突如停電に見舞われました。復旧には随分時間がかかり、結局三〇〇〇万人以上の人々が真っ暗闇の中で一夜を過ごした。その間、刑務所では暴動が発生、商店は略奪のターゲットになるなど一大パニックが発生したのです。

さてその約二七〇日後のことです。ニューヨークの産院はどこも満員になってしまいました。

この現象をどう解釈したらいいでしょう。

これほどの出産ラッシュとなるためにはまず、人々が暗闇の中にも拘らず励んだという事実がなくてはいけません。いつもより高い頻度でＳＥＸが行なわれた……。

しかしおそらく、それだけでは足らないでしょう。この現象には実は、パニックや大きな不安、恐怖によって女が思わず、予定外のタイミングで排卵してしまうという事実が加わっているのです。どういうメカニズムによってそうなるのか、わかりません。そんな状況下で子を作ることに、はたして意味があるのか、という気もします。でも、少しわかるような気も……。

台風が近づいて来ており、雲行きは怪しい。木々の枝もいつもとは違う揺れ方をする。そんなとき私は、不安や恐怖と同時に、わけのわからない期待感を抱き、興奮を覚えたりします。おそらく皆さんもそうでしょう。

実際、このニューヨークの大停電のとき、ある女子学生は真っ暗闇の大通りを歩きながら、うっとりしてこう叫んだと言います。

「ジス・イズ・エキサイティング！」

同じような現象は、日本軍による真珠湾攻撃のときにも起こりました。

「パールハーバー」から然るべき日数がたったとき、アメリカ全土で出産ラッシュがあったのです。戦争勃発という大きな不安が女の体に働きかけ、おそらくは興奮させ、予定外の排卵を引き起こしてしまったのでしょう。

処方 その二
しばらく別居をする。連絡も取り合わない。あるときダンナが予告なく訪れ、「行なう」。

ショート・ヴィジット（short visit）の効果と呼ばれる現象があります。

第一次世界大戦、そして第二次世界大戦の時もそうだったのですが、ドイツ軍の兵士が国境付近の戦場で戦っていました。そうこうするうち配置転換が行なわれ、兵士たちは国を横切って次の戦場へと向かうことになった。

しかしせっかく国を横切るというのに、です。ただ通りすぎるのは忍びないではありませんか。兵士たちには二四時間、あるいは四八時間の自由時間が急遽与えられました。彼らは一目散に妻や恋人の元へ駆け戻り、これまた大急ぎで隊へと戻ってきました。

そして然るべき日数の後のことです。兵士たちの妻や恋人は、我も我もと子を産んだのです。たまにしか会えない、しかもいつ会えるか予測がつかない。そうすると女は貴重なチャンスを活かすべく、思わず排卵してしまうようなのです。

そんなわけで一年、二年と家を空け、やっと帰ってきたかと思うと、たった二週間かそこらでまた海へ戻ってしまう遠洋漁業の漁師さん。そんな人々にもしっかりお子さんがいるというのは、このショート・ヴィジットの効果のためではないかと私は考えています。

処方　その三
ＳＭごっこをする。

私に経験がないのが残念ですが、ＳＭとは（特にＭの方には）恐怖や痛みと同時に、異様な興奮を伴うものらしい。それは停電や戦争勃発の恐怖、それに伴う興奮といったものと、どうも同系列にあるような気がします。とすれば、SM行為により女が思わず排卵してしまう可能性は大いにあり！　いや、ミンクなどでは、それどころではありません。メスはオスに首筋を咬まれ、出血しないと、排卵が起こらないくらいなのです。

SEXと暴力……どう関わっているのか、さっぱりわかりません。しかし、とにかく関係があるなあ、などと私などは思い続けているわけですが、その一つが、この排卵誘発という問題ではないでしょうか。

処方　その四

旅行、パーティーなどで日常から脱出。大いに浮かれ気分に浸る。

欧米では昔から、クリスマスのときに子ができやすいと言われています。クリスマスという浮かれ気分、日常とは違った雰囲気が女の体に働きかけ、これまた予定外の排卵を促してしまうようです。パニックや大きな恐怖の場合とは違い、こちらはわかりやすい。女はこの好ましい状況に、ぜひ子を作ろうとするのでしょう。

クリスマスと言えば、こんな話があります。

一九九六年のクリスマスのとき、英国の航空会社、ブリティッシュ・エアウェイズがスチュワーデスと女性パイロットに対し、クリスマスの期間中に勤務のある者は、仕事先へ夫なり恋人なりを呼んでもよろしいという粋な計らいをしました。それはそれでよかったのです。問題はその四カ月後。

「妊娠しました」、「私も妊娠しました」という者が現れ、それは約六〇〇人の女性職員中、五九一人に及んだのです。ちょっと疑いたくなるような数ですが、本当にあった話です。

クリスマスというただでさえ子ができやすい状況に、仕事先へパートナーを呼ぶというショート・ヴィジット的効果が加わったのでしょう。

そうそう、私の身近に、クリスマスシーズンに旅行し、翌年の一〇月初め、待望の第一子に恵まれたご夫婦がおられます。

簡単便利な子作り法　風呂とヒゲで臭い男に

結婚して三年になります。一年くらい前から子作りに励んでいますが、未だ成果は現れておりません。不妊治療というのも何だか恐ろしいし、まだその段階ではないと思っています。動物行動学的に何か、簡単な子作りの方法があったらお教え下さい。（三〇歳、女）

というご質問に、まず停電の恐怖を味わう、しばらく別居する、ＳＭごっこをする、旅行、パーティーなどで浮かれる、と四点の処方を出しました。いかがでしょう？　その続きです。

処方　その五

男はなるべく風呂に入らない。ヒゲも伸ばし放題にする。

はっきり言って私は、臭い男は嫌いです。女はみんなそうでしょう。

あのムッとするような、酸っぱい匂い。

「近寄らないで！　私の体や服に一滴たりともその匂いを染み込ませないで」

です。
婦に、「勝れる宝　子にしかめやも」じゃないけれど、福音をもたらすかもしれないの
でも、子宝のためには我慢しましょう。あの嫌な匂いこそが、あなたたち悩めるご夫
と叫びたくなるような強烈な匂い。

　こんな有名な研究があります。

　ある大学の女子寮を舞台に調査します。寮生を、男――この場合の男とはボーイフレンドのこと――とよく会っているグループ（週三回以上会っている）とあまり会っていないグループ（週一〜二回か、まったく会っていない）に分類します。前者は三一人、後者は五六人でした。

　次に、彼女たちの月経周期を調べます。すると両者で違いが現れる。

　男とよく会っているグループのそれは平均二八・五日。あまり会っていないグループでは三〇日……。

　男とよく会っていると周期が短くなり、あまり会っていないと長くなるようなのです。

　この現象をどう解釈したらよいでしょう？

　いやそもそも、月経周期とは、どういうしくみによって変化するものなのでしょう。

　女は誰でも、月経周期が毎回微妙に変化することを知っています。かなり一定している人であっても、年に一〜二回はなぜかガタガタッと安定を失ってしまいます。

　実は、月経の期間と排卵から月経までの期間は、ほとんど変化しない。個人差もあまりない。変化するのは月経が終わってから排卵までの期間です。

つまり、排卵が早く起きれば、月経周期は短縮される。排卵がなかなか起きなかったり、結局見送りということになれば、月経周期は伸びるというわけなのです（意外と知られていないことなのですが、排卵がない場合でも月経はあります）。

男とよく会っているグループで月経周期が短くなっている――。

それはおそらく、男に会うという行為によって排卵が促され、早められているからなのでしょう。

男はその存在自体に、何か女の排卵を引き起こす力を持っているようです。その最有力の候補があの嫌な匂いなのです。

この研究を行なったのは、アメリカ、ハーバード大学のマーサ・K・マクリントックという女性で、一九七一年のことです。

しかしこの場合、女が実際に排卵しているかどうかということ、ましてやそのタイミングまでは確認されていません。

そこでこの件についてちゃんと押さえた人がいます。アメリカ、ワシントン州立大学のジェーン・L・ヴェイスで、やはり女です。これが一九八三年のこと。

彼女は、男女共学の大学に通う女子大生二九人について、四〇日間にわたり調べました。

期間中、男と過ごした夜が二晩以上あった、男とよく会うグループ、そして男と過ごした夜がまったくないか、一晩だけあったという、男とあまり会っていないグループとに分類します。前者は一三人、後者は一六人です。

図）ニワトリで考えるニオイと排卵の関係。

すると、男とよく会っているグループの月経周期は平均三〇・五日、あまり会っていない方は三三・三日です。全体的にちょっと長いようですが、マクリントックと同様の結果が現れます。

男とよく接触していると月経周期は短く、あまり接触していないと長くなる。

さらに、実際に排卵が起きているかどうかを調べます。彼女たちに日々の基礎体温の記録をつけてもらうわけです。

すると驚くべき違いが現れた。

男とよく接触するグループでは一三人中一二人が排卵しており、排卵していないのは一人だけ。

片や、男とあまり接触していないグループ一六人では、排卵しているのは九人だけで、排卵していない女が七人にも達したのです。

こうして男とは、その存在自体に、女の排卵を促す力を秘めていることがわかります。その力とは、やはりあの臭い匂いとしか考えようがないのです。

不妊にお悩みのご夫婦には、まずご主人がしばし風呂を我慢されること。奥様もダンナの匂いを我慢されることをお勧めします。

さてもう一つの、ヒゲを伸ばし放題にするという方法。これも匂いと大いに関係があるのです。

そもそもヒゲとは、いったい何のために生えてくるのでしょう。

ヒゲがまず第一に、視覚的な効果を持っていることは間違いありません。

男がヒゲを生やしていると、何だか偉そうな、恐そうな印象を受けます。

実際、男子学生の顔に眉毛描き用のペンシルでヒゲを描き、顔写真を撮って他人に評価させるという実験によると、〝ヒゲ〟は「攻撃性」についてのポイントを大幅にアップさせました。

ヒゲはたしかに、男どうしの争い（そこには当然女をめぐる争いが含まれている）の場面で大きな力を持つことでしょう。

ところが、です。

同実験で、「魅力」という、主に女に対するアピールという観点からヒゲを検討してみると、逆に不利なのです。ヒゲは「魅力」のポイントを大幅に下げてしまいました。

女に対して不利となれば、たとえ男どうしの争いに勝っても意味がないではないか。

さてさてどうしたものか……。

魅力を落としてまでもヒゲは生える——。

それはヒゲによほどの効果が、それも女に対しての絶大な効果があるからに違いありません。

それが匂い。つまりそこに匂いをため、女に排卵を促すという効果だと私は考えています。

ヒゲが縮れているのは、匂いをためるためでしょう。

ダンナは風呂を我慢し、ヒゲはぼうぼうに伸ばし放題。悪臭をぷんぷん撒き散らす。

どうです？　簡単なことじゃありませんか。

簡単便利な子作り法　夫は精子充填、妻は浮気

動物行動学的な方法による簡単な子作り法を教えて下さい。（三〇歳、女）

というご質問に、「その五　男は風呂に入らず、ヒゲも伸ばし放題にする」というところまで処方を出しました。話を続けます。

処方　その六
男はSEXの前日か前々日に、まずマスターベーションをする。

男のマスターベーションの素晴らしい効能！　それは既に説明済みです。マスターベーションとは、実は簡単、明瞭なこと。古い精子を追い出し、発射最前列を新しくて生きのいい、最良の精子に置き換えるという作業なのです。受精の確率を高めようとする、極めて前向きの行ないです。

女（メス）がいないことの代償行為？　とんでもない！

それは、アカゲザルやアカシカの、メスとの交尾のチャンスの多いオスほどよくマスターベーションする、という事実が雄弁に物語っています。

この何ら恥ずべきではない行ないを、です。特にパートナーがある場合、男はうしろめたい、見つかったら恥ずかしい、と感じてしまう。あるいは世間が厳しく非難する……。

それは例の、男が浮気の前に、浮気の準備としてマスターベーションをするという事実があるからかもしれません（マスターベーションが受精の確率を高めようとする行為である以上、それはあまりにも当然のことですが）。

男は浮気の計画を隠したい。そのためにはどうすべきか。それが、うしろめたいとか、見つかったら恥ずかしいという心を持つこと。そうすれば自然な形で隠すことができるでしょう。「ああ、マスターベーションしたよ。それがどうした」。これじゃ浮気はバレバレです。

他方、浮気したくてもできないという世間の大多数の男。彼らは、浮気男の行為を妨害したいと思っている。そこで数の力を持って対抗する。浮気はいけない、パートナーがありながらのマスターベーションはいけない、と自身がまず本当に感ずる。そして世論として確立する……。

いずれの立場にあったにせよ、男はとにかく、パートナーがありながらのマスターベーションはいけない、と感ずる方が都合がいいのです。本当にいけないかどうかではない。いけないと感ずることが重要なのです。

しかし、子宝を望む皆さん！　皆さんにはそんなことは関係ありません。子作りのためにぜひ堂々と、精子を充塡し直して下さい。

確かめたわけでないのですが（なかなか聞きにくいことなので）、私のこのアドヴァイスに従い、子作りに成功したと思われるご夫婦がおられます。

処方　その七

排卵日を信仰するな！　目指すはその二日前。

多くの人は、今日は排卵日、明日は排卵日、とやたら排卵日を信仰し、また一方では恐れているようでもあります。

しかし！

排卵日とは、受胎率の最高の日ではないのです。排卵日の受胎率はおよそ二七パーセント。受胎率のピークはその二日前にあり、およそ四〇パーセントです。排卵日がピークにならないのは、その当日ではタイミングとして少し遅い、ということがあるからです。

卵の寿命はわずか一日。卵巣を出発した卵は輪卵管に到達しますが、そのときそこに精子がおらず、受精が起こらなければそれでおしまい。後は寿命が尽きて単に生殖器を下っていくだけです。精子は、あらかじめ輪卵管付近に待機しているくらいでないとダメなのです。

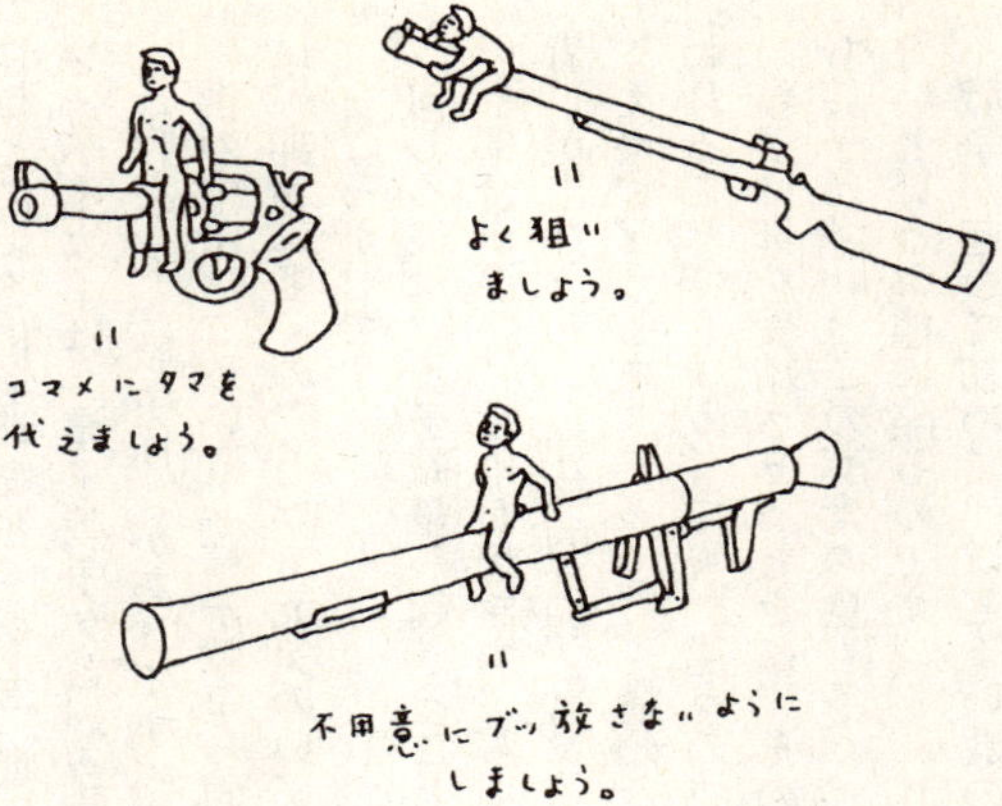

よく狙いましょう。
コマメにタマを代えましょう。
不用意にブッ放さないようにしましょう。

つまり排卵二日前に「行ない」、その前日か前々日に男はマスターベーションしておく。これが理想です。

処方　その八

女がまず浮気する（絶対に避妊しないこと）。しかる後、ご夫婦で交わる。

男の側に問題があって子ができない場合、その原因として人は、精子の数が少ないとか、精子の元気が足りないことを考えるでしょう。むろん、たいていの場合はそうです。

ところが世の中には、精子の数が多すぎて、精子に元気がありすぎて、子ができないというケースがありうるのです。

精子競争という言葉をご存じでしょうか？

皆さんもう知っておられますよね。

精子競争とは、卵の受精をめぐり、複数の男の精子が争うこと。浮気やスワッピング（夫婦交換）、乱交パーティー、売春、レイプ、などの状況で発生します。

しかもその際、精子は頭突きなど、チャンチャンバラバラの争いをしたり、酵素を放つことによる化学戦など、本当に戦争を行なうことがわかっています（そのためロビン・ベイカーは「精子戦争」という言葉を使っているくらいです。ちなみに精子には「受精係」と「戦争係」があります）。

世の中にはこういう「精子戦争」向きの男がいる。彼は常に戦争が起こることを前提に、非常に多くの、しかも元気のいい精子を放っているのです。

ところが、です。

何しろ彼は、精子戦争が起きることを前提に作戦を立てている。戦争が起きてくれないと都合が悪い。戦争が起きず、ちっとも〝死者〟が出ないと（特に「受精係」の〝死者〟が出ないと）、最終的に卵を取り囲む精子が大変多くなってしまい、困るのです。

えっ、どうして？　多くても構わないんじゃない。どうせ自分の精子なんだし、と思われることでしょう。でも、違うのです。

精子は卵を受精させるときに、その膜を突き破るための酵素を放ちます。卵を取り囲む精子が多いとこの酵素の量も多く、当の卵を弱らせてしまう。結局は受精が成り立たないという事態に陥るのです。

戦争が起きて初めて、ほどよい数の精子を卵のもとへと到達させられる。受精を成立させることができる。

彼の戦略にはこういう事情があるのです。

そういうわけで、もしダンナが精子戦争向きの男であり、常に多数の、元気すぎる精子を放っている。それがためにあなた方ご夫婦に子ができない場合は、です。

まず奥様が浮気する（絶対に避妊してはいけません！　避妊したら意味がなくなります）。そうやってダンナのために、精子戦争が起きる状況を作ってあげなくてはいけないのです。

おわかりですか？　愛していればこそ、なのです。愛にはときに勇気が必要です。

なお、この方法には大変なリスクが伴いますが、私は、いっさいの責任を負いません。

ご了承下さい。

簡単便利な子作り法　すれ違い生活、０・７のウエスト

動物行動学的に簡単にできる子作りの方法はありますか。（三〇歳、女）

というご質問にお答えするシリーズ。あと二点処方しておきましょう。

処方　その九

なるべくすれ違い生活をする。

この本ではすっかりお馴染みとなった、イギリスのロビン・ベイカーとマーク・ベリス。

このベイカー&ベリスが例の、精液やフロウバック（ＳＥＸの後、女の体から排出される、精液と女の体液が混じった白い固まり）を回収するという研究で、こんな衝撃の事実をも明らかにしています。

回収した、男の射精精液について調べます。すると、精子の数について、マスターベーションのときとＳＥＸのときとでは全然違う。

別に、マスターベーションのときは少なくてSEXのときは多い、などということではありません。

マスターベーションの場合、含まれる精子の数は前回の射精——それはSEXのこともあれば、マスターベーションのこともあります——からの時間だけが関係します。つまり、時間がたっているほど数が多い。

それはそうでしょう。何しろ精子は溜まるのですから。

ところがSEXの場合には、話がまったく違ってしまうのです。

確かにSEXの場合にも、前回の射精から時間がたっているほど精子の数が多い。しかしそんなことより何よりも、はるかに強力に精子の数に影響を及ぼす要素がありました。

前回のSEXから今回のSEXまでの間、いかにパートナーと一緒に過ごしたか、という時間の割合。絶対的な時間ではなく、時間の配分、なのです。

たとえば、前回のSEXから一日であれ、三日であれ、とにかくその間、ほぼ一〇〇パーセント彼女と一緒であったとします。すると、放出される精子はだいたい二億個どまり。

五〇パーセント、つまり半分くらいの時間を一緒に過ごしていると、三億〜五億個。

ところがこれが一〇パーセントも一緒に過ごしていないとなると、大変。精子は四億数千万〜六億五千万。べったり一緒にいた場合に比べ、最低でも倍以上という値にまで達してしまうのです。

どうしてこんな違いが現れるのか？

勘のいい方ならお気づきかもしれません。

そうです。一緒にいたとは、彼女をちゃんとガードしていたこと。片や、一緒にいなかったとは、彼女をガードしていなかったこと。その間の彼女の行動は謎である。もしかして……。

よってその浮気の危険性の高い場合ほど男は多数の精子を放出。浮気相手の精子に対抗しようとするわけです。

これはまず、精子を多数送りこむ。そのことで相手ではなく、自分の精子によって卵が受精する確率を高めようとする、という行為です。しかしそれだけに留まりません。

精子は戦争をする。

精子には「受精係」と「戦争係」の二種類があることがわかっています。「受精係」は、放出される精子、数億のうちのたった数百万くらいで、残りは「戦争係」です。

放出される精子が多いということは、「受精係」が多いと同時に「戦争係」が多いことを意味する。つまり男は、浮気相手の男によって彼女の卵が受精してしまうのを阻止すべく、戦闘用の「兵士」、つまり「カミカゼ精子」（『神風特攻隊』のようだということで、ベイカー&ベリスはこう呼んでいます）をも多数送り込んでいるのです。

ともあれ――。

女のガードが甘く、彼女が浮気した可能性が高いとき（実際に浮気したかどうかは関係ない）、男はSEXの際、多数の精子を放出する。「受精係」も「戦争係」も、です。

図）対ヒップ比0.7以下の
理想的な女性モデル。

そんなわけで私は、悩めるご夫婦にはなるべく会わないこと、すれ違い生活を実行されることをお勧めします。その際、奥様としては、他の男の影をちらつかせ、ダンナを刺激する。そうすれば一層効果的でしょう。

実際、嫉妬は重要なポイントで、こんな話を聞いたことがあります。

ある悩めるご夫婦がハワイに旅行しました。昼間、ビーチでのんびりと過ごしていると、ハンサムな白人男性が現れ、何と彼女にラヴ光線を送り始める。そうこうするうち二人はいい雰囲気に。ダンナはなすすべもなく、ただ指をくわえて見ているだけでした（もちろん彼らにそれ以上のことはなかった）。

そしてその晩のこと、このご夫婦は見事子宝に恵まれることに成功したのです。

処方　その一〇

女はウエストを引き締める。

オランダのある人工授精のクリニックでの調査によって、ヒップに対するウエストの比率が大きい女ほど、つまりウエストが引き締まっていない女ほど、妊娠しにくいという事実がわかりました。

ヒップに対するウエストの比率が〇・一増えると、受胎率は何と三〇パーセントも下がってしまうのです。

たとえばヒップが同じ九〇センチの女でも、ウエストが六三センチの場合（対ヒップ比、〇・七）と七二センチの場合（対ヒップ比、〇・八）とでは受胎率に三〇パーセントの開きがあるわけです。

人工授精では、月経周期のうちの受胎の確率の高い日を狙い、精子を人工的に子宮に注入します。そういうことを何回か繰り返し、やがて妊娠に至るわけですが、ウエストが引き締まっていないと受胎までの期間が長い。つまりは一回、一回の受胎率が低いということになるのです。

この、ヒップに対するウエストの比。理想は〇・七です（これより低ければもっと理想）。

しかしこの〇・七という値の何とまあ厳しいこと！

スカートなどの普通サイズのウエストはだいたい六三センチだと思うのですが、そのウエスト六三に対し、ヒップは九〇、女の子が理想とするウエスト六〇に対しては、ヒップは八五・七もなくてはならないのです。

何はともあれ、ウエストです。ウエストを引き締める！

とはいえ、一九世紀のコルセットみたいに外見だけ引き締めてもダメなことは、もちろんです。

皆様のご健闘をお祈りします。

「つわり」の効用

私の血筋なのか、娘たちも「つわり」が重く、特に次女は食事がほとんど取れません。種の保存に反する現象に見えますが、「つわり」に何か効用はあるのでしょうか。（六四歳、女）

このご質問を読んで、私は二つの相反する感想を抱きました。

「やったあ、ついに！」と小躍りしたくなるほど嬉しい気持ち。そして「ああ、やはりまだそうなのか」とちょっと残念な気持ちです。

嬉しく思ったのはあなたが、「つわり」に効用はあるのか、とおっしゃっている点。普通はよくないとされる「つわり」に、何か重要な意味があるのではないか、と考えておられる所です。

ちょっと自慢させてもらうと、こういう発想が一般の人にも現れるようになったのは、私の影響かもしれない。

いいとされることが、実はよくないことかもしれない、よくないとされることが、実はいいことかもしれない、バカみたいに思えることでも遺伝子を残すという本質的な意味ではバカではないはずだ、などと私が行なっている動物行動学的〝布教活動〟のためではないかと思うのです（違う？）。

ともかく、人がこれまでとは違う物の見方ができるようになるというのは素敵なこと。私が幾分なりともそのお手伝いをしているとしたら、こんな嬉しいことはありません。

さて、残念に思ったのは「種の保存」——。

実は「種の保存」、あるいは「種の繁栄」という考えは、既に三〇年あまり前から否定され始め、二五年くらい前にはすっかり棄却されてしまったものなのです。

もし今どき「種の保存」を唱える人がいるとしたら、その人がどれだけ間違っているかと言えば（確かリチャード・ドーキンスの表現だったと思いますが）、

「今どき天動説を唱えるくらい」間違っている。

それほどの大間違いなのです。ただ、ここでいつも面白いなと思うのは「天動説」も「種の保存」も、ごく普通に考えれば、どうしたってそれが正しいように思われてしまうという点です。

どう見たって地球が動いているのではない。太陽や月や星、つまり天が動いている……。

どう考えたって、各々の個体は少しは種の保存のために行動しているはずだ。そうでなければ、種は滅んでしまうだろうから。

でも、違います。動いているのはもちろん地球。そして個々の個体は種ではなく、自分の遺伝子を残すために行動しています。種のことなんて関係ない。種は、結果として残っているに過ぎないのです。

もし「種の保存」のためにも行動する個体と、自分の遺伝子を残すためだけに行動する個体とがいて、自分の遺伝子を残す競争をしたとしましょう。どちらが勝者になるでしょうか？

いや、具体的事実を挙げた方がわかりやすいですね。「種の保存」が間違っていることを最も鮮やかに物語っているのは「子殺し」という行動です。

「子殺し」が最初に発見された、ハヌマンラングールというサルを例に取りましょう。ハヌマンラングールはインドとその周辺にすんでいるヤセザルの一種です。一頭のオスが数頭のメスとその子どもたちを従え、ハレムをつくっているのですが、このオスはいわば婿殿兼用心棒。その母系集団によそからやってきた存在なのです。彼にはこんな過去があります。

彼は同じような境遇にある若いオス数頭と徒党を組み、あたりをうろついていました。あるときリーダーオスが何だか弱っていて、これなら争いを仕掛けても勝てそうだというハレムを見つけます。それが現在のハレム。つまり彼は仲間とともにリーダーを襲い、追放した後、他を出し抜いて自分だけが新リーダーの座に収まったずるい奴というわけなのです。

とはいえ、ハヌマンラングールの世界ではこれが常識です。リーダーオスは、皆こういう手順を踏んでリーダーとなっています。そしてまた彼らにとって常識なのが、「子殺し」という行動です。

メスの抱いている乳飲み子を殺す。一頭残らず、乳飲み子だけを！

なぜ乳飲み子なのでしょう。

それは、ほ乳類の宿命のようなもの。ほ乳類では普通、子どもが頻繁に乳を吸っている限り、メスは発情もしなければ、排卵も起こさない。つまりオスとしては、いつまでたっても自分の子をつくることができないのです。

――子を殺す。そうすれば乳を吸う者がいなくなり、メスは発情と排卵を再開する。オスは初めて自分の子をつくることができるわけです。

この行動が、どんなに「種の保存」に反していることでしょう！　せっかく生まれ、そこまで育った子を無に帰すのです。とんでもなく「種の保存」に反しているではありませんか。

オスは自分の子、自分の遺伝子を一刻も早く残すために子を殺すのです。自分が大事。「種の保存」なんて、知ったことではないのです!!

ともかくそういうわけなので、質問はいっそのこと、こう変えてから答えることにしましょう。

「『つわり』にはどんな効用があるのでしょう。自分の遺伝子を残すということに反する現象のように思われますが……」

そうなんです。母体は弱る、胎児は成長できない。まったくもって自分の遺伝子を残すことに何の利益もないような現象です。

でもマーギー・プロフィットという女性の研究者の説明によれば、違います。利益はあります。確実に！

つわりの起こる時期というものを考えてみて下さい。

……妊娠二〜三カ月の頃。

そう、実はこの時期の胎児は（本当はもっと早くからなのですが）、大変微妙な段階にあるのです。

内臓、脳、目、耳、手足、そして生殖器など、あらゆる体の基礎をつくる――。

つまり胎児は、それらをきちんとつくり上げるための妨げになるようなもの、特に毒物を取り入れたくないのです。そのために母親を匂いに敏感にさせている。ちょっとでも毒物の気配のある食べ物に対しては吐き気を感じ、実際に戻させる。そうしてそれらを排除するように仕向けているのです。

これが「つわり」の本質。

多少の栄養不足を補ってあまりある利点が「つわり」にはあるのです。

プロフィットは、「つわり」は健康であることの証、驚いたことに、「つわり」のひどい女の方が流産しにくいのだと言っています。

何という力強いお言葉！

でも、ほとんど食べられない女の場合には……。

乗り物好きな息子／言葉が遅い子ども

？　私の息子（二歳六カ月）は車、電車、飛行機が大好きです。が、そういうものに興味を持つよう教えた覚えはありません。私は花や人形が好きなのですが、息子は全く見向きもしません。皆さん「男の子はそうしたものよ」とおっしゃいますが、車も飛行機も身近に見られるようになったのは、ほんの五〇年前でしかないと思います。遺伝というには短いのでは？　育った環境は関係ないのでしょうか。なぜ男の子は車、電車、飛行機が好きかお教えください。（三二歳、女）

！　車や飛行機が一般的に見られるようになったのはつい最近。男の子に車好き、飛行機好きの性質が進化するには時間が足りない。だから男の子の車好き、飛行機好きは遺伝ではない。と結論するのは間違いです！

そもそも遺伝子、遺伝的プログラムというものは、車を好きになれ、飛行機を見たら興奮しろ、などというふうに具体的な指示を出しているわけではないのです。そんな細かく指定することなど無理。いや、それどころか、指示は細かくない方がいいのです。新しい乗り物は次から次へと登場するわけですから。

遺伝子、遺伝的プログラムが決めているのは、たとえばこんなことでしょう。

「男の子よ、スピードの出る乗り物を見たら興奮せよ！」

もう少し別の言い方をすれば、こうかもしれません。

人間本来が持っている、スピードの出る乗り物に惹かれるという性質が、男の子の場合、胎児期のテストステロンのレヴェルの高さによってより強いものとなる……。

乗り物は、かつては馬や馬車、蒸気機関車などだったでしょう。今は車、バイク、電車、飛行機……。何十年、何百年の後には、今の我々には想像もつかないような乗り物が登場するでしょう。それでも男の子はその、スピードの出る乗り物に夢中になるはずです。遺伝子は大雑把な指示しか出していないのですから。

それにしても、なぜ男の子はスピードの出る乗り物が好きなのか。それらを好むことにどういう遺伝的利益があるのか。

女の子の人形好きなら凄くよくわかります。それは子育ての練習になるのだから。もちろん人形は、泣いたり、おしっこをしたりするわけではありません。しかし、抱っこしたり、話しかけたりするうちに、将来の子育てのための脳の神経回路が発達するとか、何らかの準備がなされるはずなのです。

男の子の乗り物好きとは、いったいどういうことなのか……？　しかし私が一つ思いつくのは、こういうことです。

男は乗り物、特に車やバイクをカッコよく乗り回すことで（もちろん、男の子が実際に乗り回すのは一〇年以上先です）、自分の体がシンメトリーであること、あるいは右脳がよく発達していることを女にアピールする。そうして繁殖の機会を増やそうとしているのではないのか……。

「シンメトリー」、「右脳の発達」という問題は既に何度も登場していますが、簡単におさらいします。

「シンメトリー」は主に寄生者（パラサイト）（細菌、ウイルス、寄生虫など自分自身では生きていけず、他者に寄生して生きていく生物）に対する強い抵抗力の現れです。抵抗力が弱いと体がなかなかシンメトリーに発達しないのです。

「右脳の発達」は高い生殖能力、それも他の男との精子どうしの戦い――それは女の体内で本当に実戦として展開される――に勝って卵を受精させられるというほどの高い生殖能力の現れです（なぜなら胎児期のテストステロンが右脳を発達させ、同時に生殖器も発達させる）。

どちらも女が男に対して最も強く要求する条件。男がモテるかどうかは、シンメトリーと右脳の発達にかかっていると言っても過言ではないのです（ちなみに女が男に一番求めるのは、優しさと誠実さであるというのは大ウソ。いや、ダンナやダンナ候補の男に対してはそうかもしれませんが、男に求めるのはこの、シンメトリーと右脳の発達なのです）。

そして何と、車の運転やバイク走行のうまさは、体がシンメトリーであること、右脳が発達していることを反映すると考えられるのです。

走る能力の高い馬は体がシンメトリーだということがわかっています。この走るということは人間で言えば、スポーツや車の運転のような、体自体の運動能力のうえに優れ

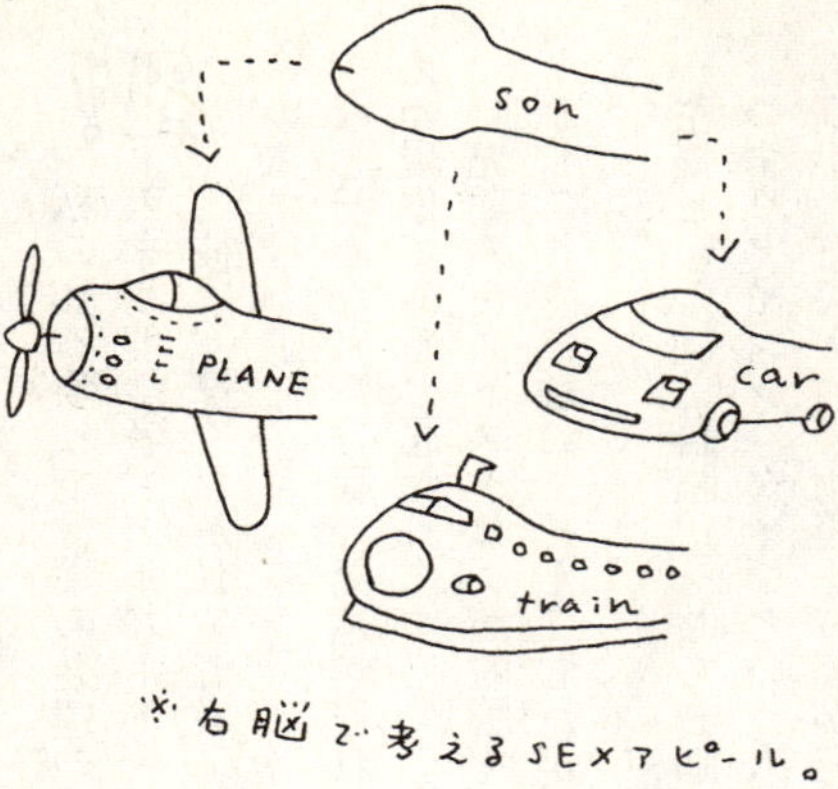

た運動神経や反射神経の要求される分野と読み替えることができるでしょう。つまり、車やバイクの運転のうまい男はシンメトリー――。

　さらに、車の運転などには空間認識の能力が物を言い、それは空間認識を司っている、右脳の発達に大いに関係すると言えます。即ち、車やバイクの運転のうまい男は右脳が発達している――。

　そんなわけで男が車やバイクをカッコよく乗り回すことは、何を隠そう女に対する自分のアピール。男としての魅力、能力を体現することなのです。

　小さな男の子が乗り物を好むのは、そういう性質を持つことが将来の繁殖のための準備になるからではないでしょうか。

？　私には四歳になったばかりの息子と二歳四カ月の娘がいます。息子は三歳半になるころまで言葉が遅く、やっとこのごろ

ポツポツと話し出しました。心配していた娘も、それほどではないものの遅い方です。他のことに関しては人並みなのに、また家庭もそれなりなのに、どうして言葉の遅い、早いが出てくるのでしょうか。（三五歳、女）

私の知る限りで言葉の発達の遅かった人のNo.1は、アインシュタインです。あの天才物理学者、アルバート・アインシュタイン。

彼は、驚くなかれ、五歳になるまで満足に言葉を発することができなかったといいます。

なぜそんなにも言葉の発達が遅れたか。それは、彼が理系の天才だったことと引き換えの現象であると思われます。

胎児期のテストステロンが右脳を発達させることは何度も繰り返してきた通りです。しかしこれまで触れませんでしたが、テストステロンは同時に左脳の発達を抑えるのです。

左脳といえば言語脳、そして右脳は空間認識や理系の才能に深く関わる脳です。つまりアインシュタインという人は、胎児期のテストステロンのレヴェルがあまりにも高かった。よって物凄く右脳が発達し、天才的な理系の能力を得た。しかし同時に左脳の発達はひどく抑えられ、言葉の出が非常に遅れた人、と考えられるのです。

さらに言えば、彼は超プレイボーイでもあった。右脳が物凄く発達しており、テストステロンのレヴェルが高いのだから当然でしょう。

もう一人、理系の天才の例を挙げると、チャールズ・ダーウィンです。彼の文章がどれほど読みづらいことか（『種の起原』をご覧あれ）。

そんなわけで、言葉が遅い子＝ダメな子ではありません。お子さんは理系の天才かも？

女が赤ちゃんを左腕で抱くのは　前編

二歳になる息子がいます。この子が赤ん坊の頃、もっぱら左腕で抱いていたような気がします。彼も私の左腕に抱かれるのが好きだったような。そんなわけで私の腕は、左側だけがやけにたくましくなっています。こういうことは、我々親子だけの変な癖なのでしょうか。（三四歳、女）

アメリカでの調査によると、母親の約八〇パーセントは赤ちゃんを左腕で支え、自分の左胸に密着させて眠らせるのだそうです。

これは、母親が左腕で支え、眠らせる、ともっぱら母親の方の意志でそうしているかのような表現ですが、たぶん赤ちゃんからの要請もあるはずです。いや、その方がはるかに大きいでしょう。彼らは、そういう抱き方をするとぐずらない、すぐに寝つく、というような方法で意志を伝える。そうこうするうちに母親も何となくそうするようになるということなのでしょう。

そんなわけで、あなたたち親子は全然変な趣味の持ち主ではありません。ごく常識的な親子です。

ではそうすると……なぜ、お母さんは赤ちゃんを左に抱き、また赤ちゃんもそうされることを好むのでしょう。

誰でもすぐに思いつくのは、利き腕の問題。つまり、母親が利き腕でない方の腕で支え、利き腕をフリーにする、それを赤ちゃんも好むのではないか、ということです。八〇パーセントという値は、右利きの女の割合というものを思い浮かべてみると、やや少ないような、それを支持しなくもないような微妙な値です。

でも、残念ながらこの考えはあっさりと否定されます。左利きのお母さんでも、やはりその八〇パーセント近くが左腕で赤ちゃんを抱いているからなのです。

利き腕は関係ない。ではなぜ左なのか？　心臓が体の左側にあるからではないか、というのが次なる考えです。

つまり、赤ちゃんは母親のお腹の中にいるときその心音を聞き、安らぎを得ていた。そのため生まれてからもそれを求め、体の左側に抱かれることを好む。母親もまた、無意識のうちに赤ん坊の要請に従ってしまうのだ、と。

この仮説の検証のために、こんな実験が行なわれました。

生まれたばかりでまだ病院にいる赤ちゃんたちに、録音された心音を聞かせる。もちろん、心音を聞かせるグループと聞かせないグループ（対照群（コントロール））をつくる。それぞれ九人です。

すると、心音を聞かせなかった方のグループは、よく泣き、そのうちの一人、あるいは二人以上が、六〇パーセント以上の時間を泣いて過ごした。ところが心音を聞かせたグループは、あまり泣かない。泣いたとしても、せいぜい三八パーセントくらいの時間なのです。

さらに、これよりもう少し成長した赤ちゃんに対してこんな実験が行なわれました。赤ちゃんたちを四つのグループに分け、寝る時刻になったところでそれぞれ違う条件を与える。音がいっさいない、子守歌が聞こえる、心音と同じテンポのメトロノームが聞こえる、心音が聞こえる、の四条件です。

そうしてどのグループが一番早く寝つくかを調べると、やはり「心音」なのです。他のグループの半分の時間で眠ってしまう。メトロノームも、子守歌さえも効果なしです。たぶん子守歌とは、それ自体にはあまり効力はなく、母親が子を実際に抱きつつ（おそらくは左胸に）歌って初めて真価を発揮するものなのでしょう。

こうして「心音説」は、ますます有力になっていきます。そして最後にはこんな証拠が突きつけられます。

過去数百年間に描かれた、幼いキリストを抱いた聖母マリアの絵四六六点について調べる。するとそのうちの三七三点、つまり約八〇パーセントが、キリストを左胸に抱いている。

実のところこれは、絵画の世界のキリストもマリアの左胸に抱かれていることが多い、しかもそれは、現代のアメリカの母親たちが左胸に抱く率となぜかまったく同じだ、という現象を示しているに過ぎません。心音説を証明するわけでも何でもない。しかしキリスト、聖母マリアを持ち出されると、どうも我々は弱い。黄門様の印籠を示されたみたいで、「ハハア、ごもっともでございます」と、ますます心音説を認めたくなってし

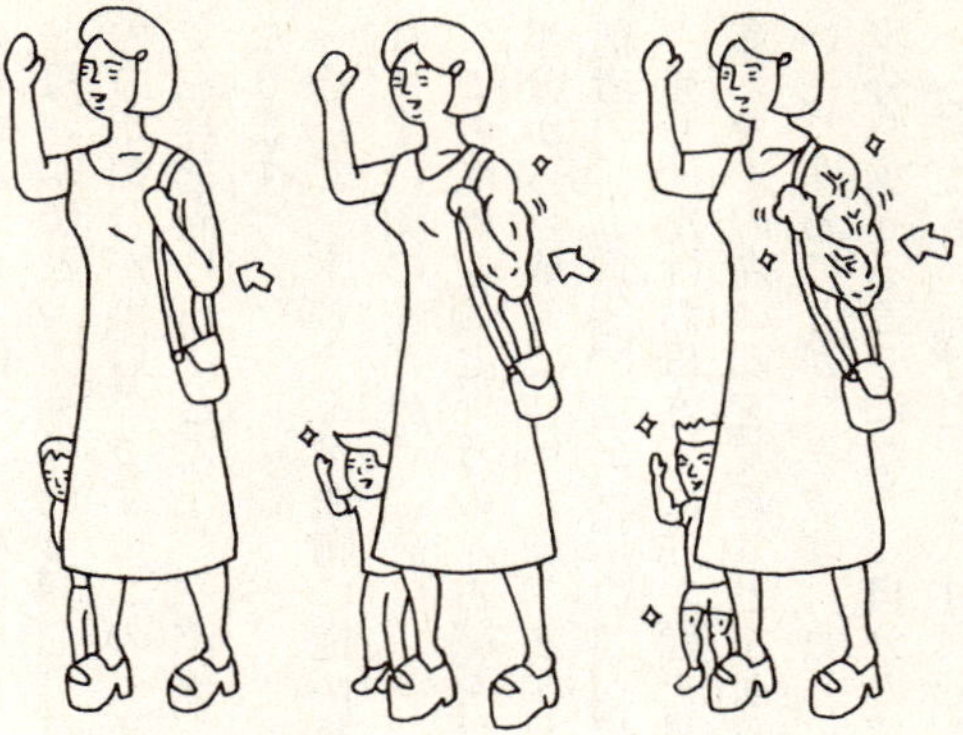

※左腕と子供の関係。

まいます。

こんなことを言うと私は、本当は心音説に異論を唱えたいに違いない、と思われるかもしれません。そうではないのです。心音説は、それはそれで非常に正しいと思う（ちなみにこの仮説が提出されたのは一九六〇年代）。正しいと思う一方で、最近こんな魅力的な説が登場し、すっかり心奪われているところなのです。

それらの仮説は、脳に注目します。脳との関係から赤ちゃんは左胸に抱かれることを好み、またそれはお母さんにとっても好ましいことだというのです。

赤ちゃんがお母さんの左胸に抱かれている様子を想像してみて下さい。

お母さんに対し、左耳を向けていることになります。実は、この左耳に入った音声は、主に右脳で情報処理されることになるのです。右脳といえば感情を司る脳です（一方、左脳は言語を司る）。

つまり、まだ言葉の意味はよく理解できないものの、お母さんが怒っているか、喜んでいるのか、誉めているのかなどといった感情面の理解なら可能な赤ちゃんにとっては、左耳をお母さんに向け、感情を司る脳である右脳に情報を送ることが大変重要なのです。お母さんにとってもそれは同じ。自分の意図するところを赤ちゃんに伝えるためにはその方が都合がいいのです（このとき、赤ちゃんだけでなく、お母さんも赤ちゃんに対して左耳を向けることになり、泣き方などから赤ちゃんの感情をキャッチするのに有利となります）。

そして、赤ちゃんが左胸に抱かれていると、もう一つお母さんの側に向けるものがあります。顔の左半分。

この顔の左側というのも右脳を反映し、感情をよりよく表わすのです。実際、顔の左半分から合成して作った顔、右半分から合成して作った顔というものを比べてみると、前者の、「左左顔」の方がより感情が強く現れた顔になります。

赤ちゃんはお母さんに左の顔を見せ、自分の状態をより正確に知らせる。お母さんも赤ちゃんの左の顔を見ることでより早く、正確に我が子の状態をキャッチ、異変に気づいたりすることができます（さらにこのとき、お母さん自身も赤ちゃんに対し、顔の左半分を見せることになり、自分の感情をより明確に赤ちゃんに伝えることができます）。

心音説もいいけど、脳に注目した説は赤ちゃん、母親両者の願いがぴたりと一致する。赤ちゃんの左胸好みについては右脳説に、やはりたまらなく魅了されてしまいます。

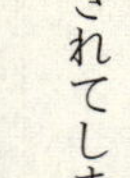

女が赤ちゃんを左腕で抱くのは　後編

二歳になる息子が赤ん坊の頃、なぜか彼を左の腕でばかり抱いていました。変な癖でしょうか。(三四歳、女)

というご質問に対し、それは変ではない。アメリカでの調査によると、女の約八〇パーセントが赤ちゃんを左に抱く、ということをお答えしました。

さらに、なぜ赤ちゃんを左に抱くのかということについて、まず心音説。心音に赤ちゃんが安心するのだという説。

そして右脳に注目した説。つまり、左に抱くことで赤ちゃんもお母さんも、互いに左の耳、あるいは顔の左半分を向けあう。すなわち、まだ言葉によるコミュニケーションが無理な赤ちゃんとお母さんとが、感情を司る脳である右脳によってコミュニケーションを行なっているという説を紹介しました。

実を言うと、紙面が足らず断念したのですが、右脳に注目した説にはあともう一つ、素晴らしい説明があるのです。視野という点から考えます。

赤ちゃんを左に抱くと、どうでしょう。お母さんは赤ちゃんを左の視野で捉えることになりませんか。赤ちゃんも同じく、お母さんを左の視野で捉える。

実は、左の視野で捉えられたものも、情報がダイレクトに右脳に入る仕組みになっているのです。感情を司る脳、右脳。よってお母さんも赤ちゃんも、互いの心身の状態をまたまたよくキャッチできる、というわけなのです。

この考え自体は一九七九年に提出されました。しかし九〇年代初めになると、この仮説の検証のために、こんな大掛かりで見事な研究をする人物が現れます。

J・T・マニング。指の研究ですっかりお馴染みの、あのマニングです。彼は、指の前には赤ちゃんの抱き方、抱かれ方の研究をしていたようです。

マニングはまず、六歳から一六歳までの女の子（計四〇〇人）に、赤ちゃんと同じくらいの大きさのお人形を抱かせるという実験を行ないました。但しそのとき、

（1）　何の条件もつけない
（2）　左目を目隠しする
（3）　右目を目隠しする
（4）　両目を目隠しする

という四条件を四〇〇人にランダムに割り当てます。よって各グループは一〇〇人。（1）は対照群（コントロール）、（2）は左の視野を遮る（さえぎ）、（3）は右の視野を遮る、（4）は視野を全部遮るという意味のグループです。

とはいえ、たとえば左目を目隠しすることと左の視野を遮ることとは厳密には同じ現象ではありません。さりとて他に方法はなし……。まあ、取り敢えずはこれでいいだろうということにしているのです。

こういう異なる条件のもとで女の子たちは人形をどう抱いたでしょうか。各グループの左抱きの割合はこんな具合でした。

（1）八〇パーセント
（2）六一　〃
（3）七九　〃
（4）六六　〃

いかがでしょう？

（1）の対照群（コントロール）は、こういう研究のその他のデータとまったく同じで、八〇パーセントです。面白いことに（3）の、右視野を遮られたときも、左抱きの割合はほぼ同じ。そして（2）の、左視野隠しと、（4）の、全視野隠しのときのみ、左抱き率はガクンと落ちるのです。

つまり、こうしてみると、左で抱くという現象には、右の視野は関係ない。左の視野を遮られるかどうかが影響を及ぼす、ということのようなのです。要するに、左の視野が使えるときには左で抱く——。

しかし、普通は両視野が使えるわけです。実際には、こういうことになるのでしょう。左の視野に重要な情報を入れるため、左で抱く——。

こうしてお母さんは赤ちゃんを左に抱き、赤ちゃんを左の視野に入れる。赤ちゃんも左に抱かれ、お母さんを左の視野に入れる。お互い情報を右脳に入れ、相手の状態をよく理解しようとしているというわけです。

マニングは同じような実験を、一五〇人のお母さんとその赤ちゃんに対しても行ない、同様の結果を得ています（但し、両目を遮るという設定は、さすがに危険なのでやめている）。

さて、私が益々マニングのファンになってしまうのは、ここから先。類人猿についてもこの、左抱きの研究をしているという点です。彼は、イギリス、オランダ、シンガポールの動物園で、チンパンジー、ゴリラ、オランウータンのお母さんと赤ちゃん二三組について、それぞれ少なくとも一時間観察しました。

類人猿のお母さんというのは、赤ちゃんを頻繁に抱いたり、降ろしたりします（たとえば数秒間隔で）。たった一時間であったとしても、どちらに抱くかという件について、膨大な数のデータが得られるわけです。

もっとも、観察した中には腹側にはほとんど抱かず、もっぱら背中に乗せて運ぶのが好きなお母さんが五名いました。この五組は除き、計一八組の親子の観察結果を分析します（内訳は、チンパンジー一〇組、ゴリラ四組、オランウータン四組）。

まずチンパンジーですが、たとえばオランダのアーネム動物園のママは、息子のミトゥを左で二二九回、右では一回も抱かず、真中で三四回。

同じくアーネムのティペルは息子のトゥトゥを、左で八八回、右で六六回、真中で二八九回。

イギリス、チェスター動物園のロージーは娘のサリーを、左で一一一回、右で四四回、真中で一回。

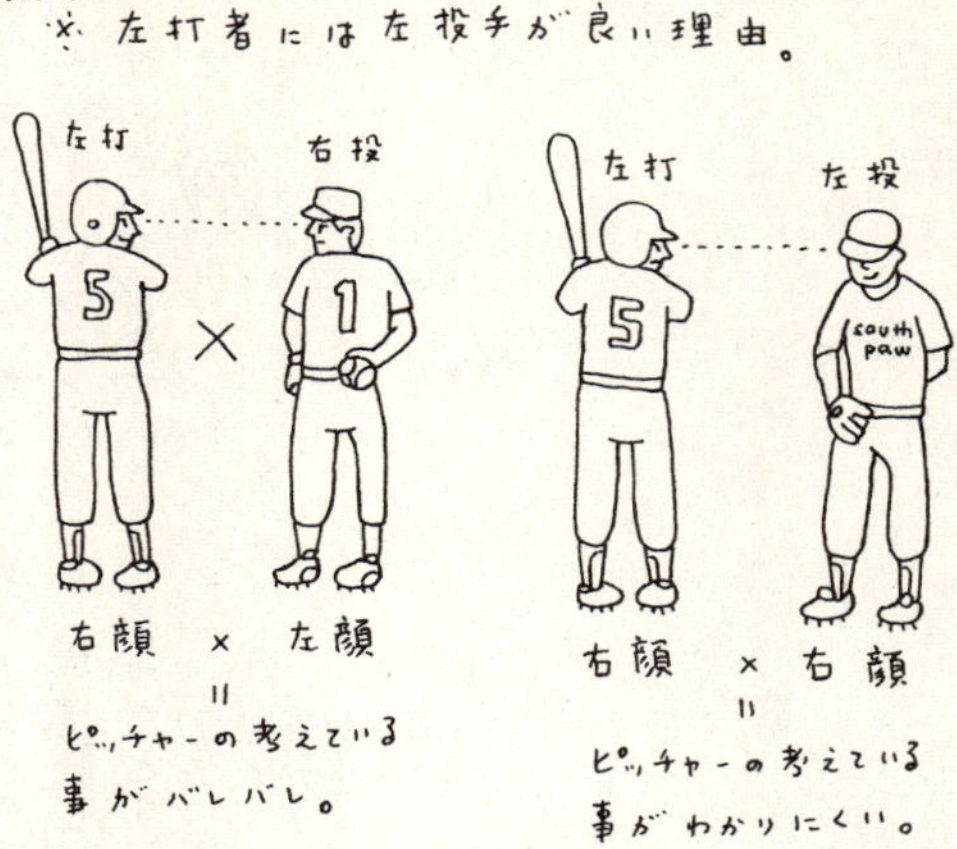
※左打者には左投手が良い理由。
左打
右投
右顔 × 左顔
ピッチャーの考えている
事がバレバレ。
左打
左投
south paw
右顔 × 右顔
ピッチャーの考えている
事がわかりにくい。

ゴリラはと言うと、オランダのアーペルドールン動物園のフェーラが息子のククマを、左で一六三回、右で四三回、真中で六回。

同じくアーペルドールンのクゥーバが娘のジュースを、左で六七回、右で六一回、真中で七六回。

オランウータンは、ロンドン動物園のブルが息子のナカルを、左で一五二回、右で六一回、真中で三回、といった具合。

左抱きが多いようですが、一つ例外があって、アーネムのオランウータン、ジョークが娘のジャフェを、左で一二回、右で一四三回、真中で五回という結果です。

そしてこれらの結果によると、左右どちらにも偏らない母親は、真中に抱くことを好んでいるようです。しかしともかく、この真中抱きについては除きます。一八組の平均の左抱き率、それは……。

七九パーセント！

人間の場合とほぼ同じではありませんか。この驚くべき数値の一致は、何を意味するのか。

マニングは、類人猿と我々の共通の祖先が既に、赤ちゃんを左に抱く性質を持っていた――ということはつまり、感情脳として働く右脳を備えていた――ということを示している、と言っています。そうだとするとそれは六〇〇～八〇〇万年も昔のことなのです！

ドリカム型トリオの謎／娘を溺愛する父親

女性一人と男性二人組のいわゆる、「ドリームズ・カム・トゥルー」のようなグループは多いのですが、逆の女二人に男一人っていうのはあまり聞きません。実際、私自身、私一人と男性二人と飲む機会はあります。このように男女混合の集団で、女は一人、男は二人とか、とにかく男が多いのは、どうしてでしょうか？（四〇歳、女）

「ドリカム」、以前の「エブリ・リトル・シング」、「ブリリアント・グリーン」。多いですねえ、女一人に男二人組。そう言えば昔、海外のグループだけど「ＰＰＭ」（ピーター・ポール＆マリー）なんていう、こういうユニットの元祖的存在がありましたっけ。

男の数を増やして考えるなら、解散したけれど「ジュディ・アンド・マリー」、大昔に遡れば、田代美代子＆マヒナスターズ、松尾和子＆マヒナスターズなどもこのパターン。

一方、男一人に女二人のグループということになると、はて、どうしたものか、全然思いつきません。男性ヴォーカルのバックコーラスとして女性二人というのならありえさい)。

るけれど、ユニットとしてはどうもないような気がするのです(もしあったら教えて下さい)。

音楽グループ、飲み友達、はたまたグループ交際。なぜ男女の集団は、男の過剰はあっても女の過剰はないのでしょう?

それはとても簡単明瞭なこと。女は選ぶ性である、片や男は、選ばれる性である。動物としてのこの大原則に従っているだけなのです。

えっ、それはおかしいよ。だって男は女を選んでいるし、女も男に選ばれているじゃないか。

そうです。人間は、確かに男も女を選びます。ただそれは、男もある程度子育てに協力し、何より経済的に援助する。それだけの投資をする以上は相手である女を選ぶし、女もまた選ばれる。その限り、本当に唯一その限りにおいては、選び、選ばれる、ということなのです。

動物の一種としての人間、という観点で考えてみましょう。すると我々は、この、男による投資ということよりも桁違いに重大な、こんな問題を抱えていることがわかります。

女には産むことのできる子の数に限りがある。ところが、男にはそうした事情がない。男はその気になれば、無限といっていいくらいの数の子を作ることができる(むろんその反対のゼロのこともある)……。

とすれば、です。女は、同じ産むなら質のよい子を産みたい。結果、男を厳しく選ぶことになるのです。

他方、男は、子の数に制限があるわけではなく、あまり厳しく女を選ぶ必要はない。いや、それどころか、厳しく選んでいるとせっかくのチャンスをみすみす逃がすことになるでしょう。男はとにかくチャンスを作り、物にすることが大切です。

こうして女は、もっぱら選ぶ性、男は、もっぱら選ばれる性（あるいは、チャンスを摑もうとしている性）という図式が成り立つことになるわけです。

男女の集団が作られるとき、こんな事情から自ずと男過剰になってしまうのです。そう言えば最近話題の、何人かの男女がワゴン車に乗って地球を旅し、恋愛するというTV番組。かのメンバーたちにしても、番組制作者は故意に男過剰の状態にしています。

よく父親は娘がかわいい、母親は息子がかわいいと言います。私にも娘一人（六歳）、息子二人（四歳、二歳）がおりますが、娘もかわいいけど……息子ってすごくかわいいんです。何か特別な理由があるのでしょうか。（三八歳、女）

その昔、私の師匠である日高敏隆先生は、こんなことを言っていました。

離婚するときには、父親は娘を、母親は息子を引き取らなきゃだめだ。なぜなら父親は娘に、母親は息子に恋しているのだから。

先生には娘さんが一人おられるのですが、確かにそれも頷(うなず)けます。

ともあれ、親と子の関係は、日高先生や世間の言う通りです。父親は娘を、母親は息子を、より愛し、よりかわいがり、ときには恋してしまう……。

どうしてなのでしょう。

ごく簡単に考えるなら、こういうことかもしれません。

父親にとって娘とは、自分に似た異性、母親にとって息子とは自分に似たやはり異性。よって同性の子よりも、愛情や恋心が湧き起こりやすい——。

しかし、動物行動学では一歩踏み込んで、そういう心を持つことにどういう意味があるのか、どういう遺伝的利益があるのか、と考えなくてはいけません。そういう利益がなければ、その心自体が進化して来なかったはずなのです。

息子と娘とでは遺伝的にどういう違いがあるのでしょう。

人間の染色体は全部で二三対、合計で四六本です。内訳は、二二対の常染色体と、一対の性染色体。

この性染色体が、男でXY、女ではXXの状態です。

ということは、常染色体については、息子と娘で本質的に違いがない。両親から平等に、同じシステムで情報を受け継ぐ。ところが性染色体については、そうではない、ということがわかります。

つまり、まず息子は男なのでXYの状態。このYは絶対に、男である父親に由来します。しかしXは、必ず母親に由来するのです。

この事情を親の側から見ると、こうなります。父親は息子にYを渡す以上、Xについては関与しない。片や母親は、Yを渡せないが、Xを渡すことができる。

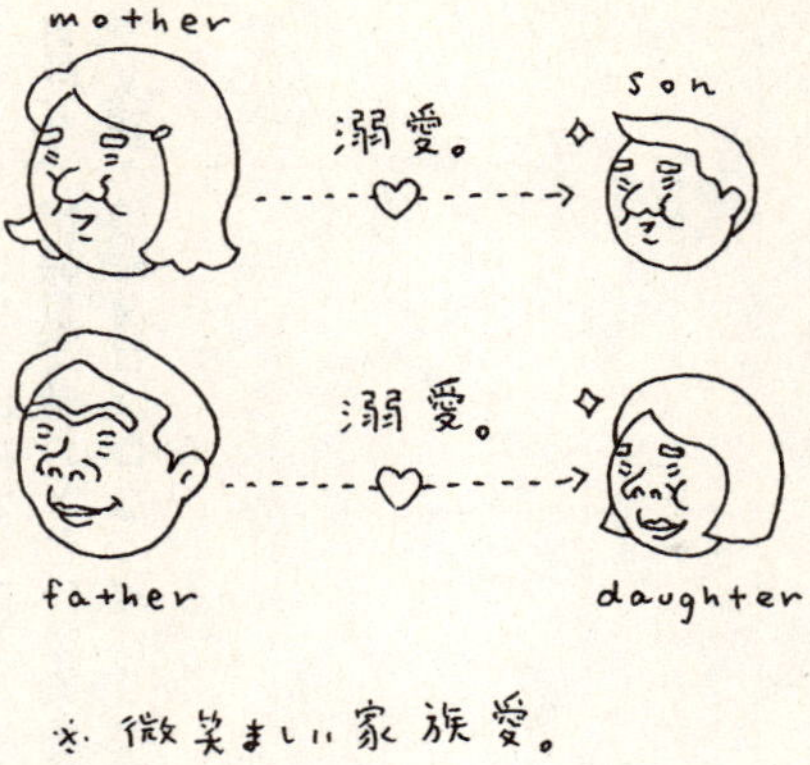

ここでもしXとYとが、常染色体のように、情報量などについて対等な関係にあるのなら、問題は発生しないでしょう。ところがXとYには、天と地というほどの差があるのです。

Xは情報量満載の大変大きな染色体。片やYは、オス化のスイッチ程度のわずかな情報しか載っていない、小さく、スカスカの染色体なのです。

こうして息子とは、母親にとっては自分の性染色体Xを、つまり自分の遺伝情報をよりよく受け継いだ存在だと言えます。

しかし父親にとっての息子はそうではない。性染色体については自分のY、つまり遺伝情報の少ない、スカスカの染色体しか受け継いでいない存在なのです。

これでまず少なくとも、なぜ母親が息子をよりかわいがるのかが説明されるでしょう。彼は、父親よりも自分の遺伝子をより多く受け継いでいる。母親としてはその彼を応援すれば、究極的には他ならぬ自分の遺伝子のコピーがよく増えることになるからです。

娘はどうでしょう。娘は女なので、性染色体についてはXXの状態。この二つのXは、それぞれ父親と母親に由来します。
つまり、です。娘において初めて父親の願いが叶えられるのです。息子の場合には不可能な、情報量満載のXという染色体を伝えるという願いが……。

父親が娘にメロメロなのは、この悲願が成就するからではないでしょうか。

子を憎たらしく感じるのは正常

？　私にはかわいい五歳の娘がいます。抱きしめたいくらい愛情を感じておりますが、時々突き放したい衝動にかられることがあります。道を歩いている時にも、娘が手をつないだり、ベタベタとくっついてくると、「一人で歩きなさい」と言ったりしてしまいます。そういうスキンシップを時々うとましく感じてしまうのは、冷たい親……ということなのでしょうか。（三五歳、女）

A！　我が子をかわいいと思う反面、憎たらしいと感じてしまう――。

あなたは随分罪悪感を感じておられるようですが、こういうふうに、親が子を手放しでかわいがるわけではないとか、親子の間で葛藤や争いがあるというのは、当たり前！　動物行動学の分野では、常識中の常識です。

今からちょうど三〇年前のことになります。今日の動物行動学の基礎的な考えをいくつも作っているR・L・トリヴァースは、親子の間になぜ争いがあるのかについて、こんな研究を発表し、話題をさらいました。

たとえば、一緒に孵（かえ）った鳥のヒナなどを想定します。

親からみれば、どのヒナも同じ価値。つまり、血縁度二分の一の存在です（血縁度というのは、いわゆる血の濃さと考えていただければ結構です)。だから同じようにかわいがったり、エサを与えたりして投資したい。

ところが、個々のヒナにとっては、それはちょっと困るのです。

確かに、あるヒナにとって、他のヒナたちは血を分けたキョウダイ。血縁度二分の一の存在です。しかし、他のヒナよりも何よりも、まず自分のことが大事。キョウダイのためにも、確かにそれなりに投資してほしい。でも、その前にまずこのボク(私)、ボク(私)を優先し、投資してちょうだい! というわけなのです。

こうして個々の子の要求と、親が供給したいと考えている投資の量に食い違いが生じます。よって親子の間に葛藤が生まれる、という次第です。

実際、ツバメの巣などを観察していると、親が戻るや否や、ヒナたちがいっせいに口を広げます。他の奴よりも、とにかく自分にくれ、とばかりに。親はその都度、

「はて、さっきはどの子にやったっけ。どの子にやればエサが均等に配られるだろうか」

と悩んでいるような様子です。

もっともこういうふうに、ヒナをいっせいに育てるという状況を見ても、我々にはちょっとピンと来ません。人間は普通、一回に一人しか子を産まないのですから。

トリヴァースはそこで、一産一子の哺乳類について考えます。

この場合、親がいかにヒナたちに平等にエサを与えるか、という鳥における問題は、主にこんなふうに形を変えるでしょう。

母親が子どもらに、いかに平等に乳を与えるか。言い換えれば、次やその次（あるいはまたその次）の子を産み、同じように乳を与えて育てるためには、今の子にはどのくらい乳を与えるべきか。いつ乳離れさせるべきなのか――。

鳥の場合が現在の、言わば横の配分についての平等だとすれば、こちらは将来を考えた、縦の配分の平等ということになるでしょう。まだ見ぬ子に対する配分というわけです。

そしてこういう場合にも、親からみればどの子も同じ価値だが、子にとってみれば、まずは自分が大事。他の子と一緒にせず、自分をひいきしてほしい、という投資の要求と供給とに食い違いが生じます。よって両者に葛藤が……。それが、一つには離乳の時期を巡る争いという形になるのです。

この争いがいかに凄まじいことか。ニホンザルなどでは早く離乳させて次の子を産みたい母親が、まだ乳をもらっていたい子に対し、虐待と言ってもいいくらいのひどい仕打ちをします。母親は噛んだり、ぶっ飛ばしたりして子を遠ざけます（これをもってして冷たい親、ひどい親、と呼ぶのはお門違いだということがおわかりでしょう）。

もっとも、子にとって、母親の次の子は自分のキョウダイです。血がつながっている。だから何としても離乳しないというのは、自分にとっても損です。そこで適当なところで将来の弟（妹）のために身を引くわけですが、その、子にとっての適当な時期が、母親にとっての適当な時期よりも大分遅い。そのためその間、親子は争い続けることになるのです。

さてそうしてみると……一つ謎が解けてきやしませんか？　親が末っ子を甘やかすのはなぜか、ということです。

他の動物ではどうかわかりませんが、人間の場合、この子が最後の子だろうということが、かなり確実にわかります。すると、その子に対しては、次の子のことを考えて無理に離乳させるとか、何でも自分でできるようにしつけるとか、早々と自立させる必要がないのです。こうして親は、末っ子を甘やかす。

いや、母乳やしつけの問題に留まりません。末っ子に対しては、無条件にかわいがったり、欲しいという物なら家計が許す限り何でも買ってやるなど、あらゆる投資を親は惜しみません。おかげで末っ子は我儘（わがまま）、思い通りにならないと癇癪（かんしゃく）を起こし……という困った子に育ってしまうわけです。何を隠そう、私は末っ子。特に、おいしい物を人に譲るという状況では未だに癇癪が起きそうになります。

ともあれ――。親子の間にはたいていの場合、争いや葛藤があるのです。あなたのお子さんに対する複雑な思いには、このように、将来の子に対する投資という問題が絡んでいます。あなたはまだもう一人や二人、子を産もうとしておられるのかもしれません。たとえ意識していなくても。

お子さんがベタベタくっついてきたりするのは、次の子よりも、私に投資してよ、というアピールなのでしょう。

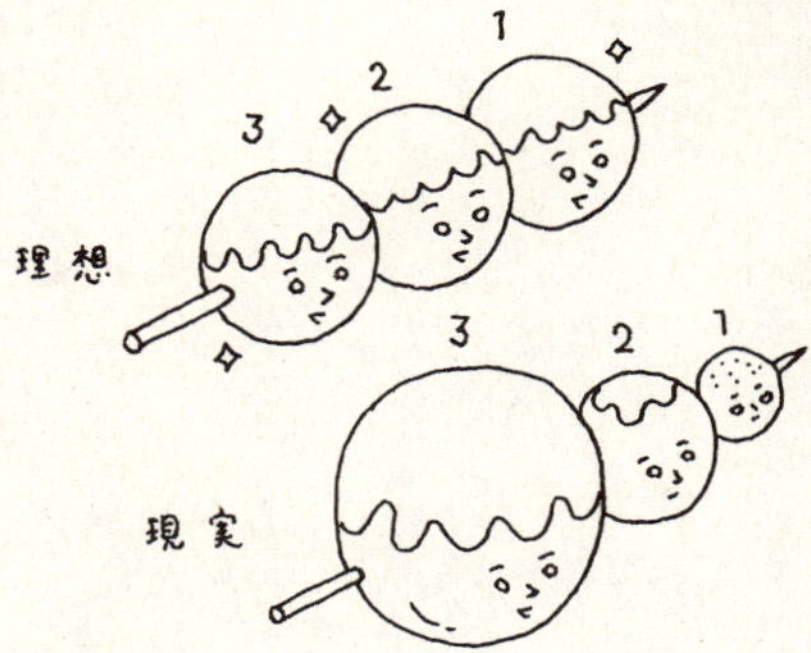

「孫」という歌があります。「なんでこんなに　可愛いのかよー」で始まる、あの歌です。私にも四歳になる孫娘がおり、まったく共感させられます。なぜ孫は、目に入れても痛くないというほどにかわいいのでしょうか。（六三歳、男）

今お答えしたように、親と子の間には、争いがあります。親は次の子たちのために少し投資をとっておきたい。片や子は、そんなことよりもまず自分に投資してほしい。よって葛藤が。

では、祖父母と孫の場合はというと――。そもそも孫とは、子が繁殖した結果の子であり、祖父母自身の繁殖によるものではありません。祖父母にとって次の子云々という問題は、直接には関係ない。だから無条件にかわいがってしまうのでしょう。

あるいはこういうことでしょうか。孫を自分の末っ子と勘違いしている。頭では孫と理解しているが、遺伝的プログラムや深層心理のレヴェルでは、歳をとってから生まれた末っ子。だから猫かわいがりしてしまう??

「息子は母に似て、娘は父に似る」の真相

？ よく、息子は母に似て、娘は父に似るといいますが、実際のところどうなのでしょうか。我が家は二人子ども（男と女）がいますが、どちらも父親に似ています。夫の兄のところには六人子どもがいますが（全員、男）、すべて父親似。自分に似ていると、もっと子どもをかわいく思えるのではと悩みはじめています。（三六歳、女）

！ 息子はより母親に似て、娘はより父親に似る——。

当然そういう傾向があるはずです。理論的に説明することもできます。ただ、実を言うとこの件についての説明は、もう済んでいるのです。母親は息子をよりかわいいと感じ、父親は娘の方をよりかわいいと感ずる、それはなぜかというご質問に対する答え。それがほとんどそのまま、このご質問に対する答えでもあるのです。

つまり、最大のポイントは性染色体にある。XとYのあまりに違う情報量にあるという、あれです。

とはいえ、あのとき私は紙面の都合もあって、若干端折った説明をしてしまいました。

特に、父親がなぜ娘にメロメロかという件で詳しい説明ができず、それが悔やまれるのです。そんなわけでこの問題を、なぜより似るか、という観点からもう一度詳しく説明し直してみることにします。

なぜ、息子はより母親に似て、娘はより父親に似るのか——。

人間の染色体は全部で二三対、合計で四六本です。内訳は二二対の常染色体と、一対の性染色体。

この性染色体が、男でＸＹ、女ではＸＸの状態です。

ということは、常染色体について男と女で基本的に違いはない。両親から平等に、同じシステムで情報を受け継ぐ。しかし性染色体についてはそうではない、ということがわかります。

つまり、まず息子は男なのでＸＹの状態。このＹは絶対に、男である父親に由来します。片やＸは、必ず母親に由来するのです。

この事情を親の側から見るとこうなります。父親は息子にＹを渡す以上、Ｘについては関与しない。母親はＹを渡せないが、Ｘを渡すことができる。

さて、ここでです。もしＸとＹとが、常染色体のように対等なら、特に情報量について対等な関係にあるのなら、問題は発生しないでしょう。しかしＸとＹには、天と地というほどの差があるのです。

Ｘは情報量満載の非常に大きな染色体。一方Ｙは、オス化のスイッチ程度のわずかな情報しか載せていない、小さくてスカスカの染色体なのです。

こうして息子とは、母親にとっては自分の性染色体Xを、つまりは自分の遺伝情報をよく受け継いだ存在ということが言えます。

一方、父親にとっての息子はそうではない。性染色体については自分のYを、つまりあまり遺伝情報を受け継いでいない存在なのです。

これでまず少なくとも、なぜ息子が母親により似るのかが説明されます。それは受け継いでいる遺伝情報の量の、差の問題なのです。情報量が多ければ似るのは当然です。

それでは娘の場合はどうなのか。娘は女なので、性染色体についてXXの状態。二つのXはそれぞれ父親と母親に由来します。

息子の場合とは違い、二つの性染色体に差がない！　ならば娘は両親に同じように似てもいいはず。でも現実はそうではない……。父親そっくりの娘の例はあまりにも多いような気がします。この現実とのギャップをどう捉えたらいいのでしょう。

実は、女の性染色体の二つのXは対等ではない、どうも影響力に差があるらしい、ということが最近わかってきたのです。もちろん、父親由来のXの方が強い！

ターナー症候群という性染色体の異常による症状があります。一九三八年、H・H・ターナーという医師によって発見されたこの症候群の患者は、女性なのですが、大変背が低い、生殖器が完全には発達していない、二次性徴が現れない、他人が怒っていたり気が動転していてもそれがわからないなど、社会的認識の能力の発達が遅れる、極度の方向音痴、数学が非常に苦手、などの症状を呈します（言語能力はたいていの場合正常）。

性染色体の状態は、Xが一本しかないか、二本あっても一方は不完全なのです。Xの影響力についての研究はXが一本しかないケースで、社会的認識能力の遅れという症状にスポットを当て、行なわれました。

一本しかないXは、父親由来の場合と母親由来の場合とがありえます。驚いたことに患者の症状は、それが父親から来ていると軽く、母親から来ていると重いというのです。

どういうことなのか？

それが、父親由来のXの方が母親由来のXよりも、影響力が大きいし、働きも強いのではないか、ということ。

つまり、もしそうならばXが一本しかなくても、それが父親由来のものであれば、その強い働きによって、欠けているもう一本のXの働きをかなり補うはず。そうして患者の症状を幾分かは和らげることができるのだろうというわけなのです。

女の性染色体のXは父親由来の方が影響力が強い！　とすれば、娘が父親により似ることがすんなりと説明されるのです。

さて前置きが長くなりました。あなたの息子さんや義兄さんの息子さんが、いずれも父親似だということですが、別にダンナさんの家系の遺伝子の影響力が大きいとかいうことではないと（その可能性がまったくないとは言い切れないのですが）思います。

今説明したように、息子は母親に、娘は父親により似る傾向があります。しかしそれは、絶対にそうなるというものではない。あくまでも傾向なのです。息子さんたちは、たまたま皆父親に似たということなのでしょう。

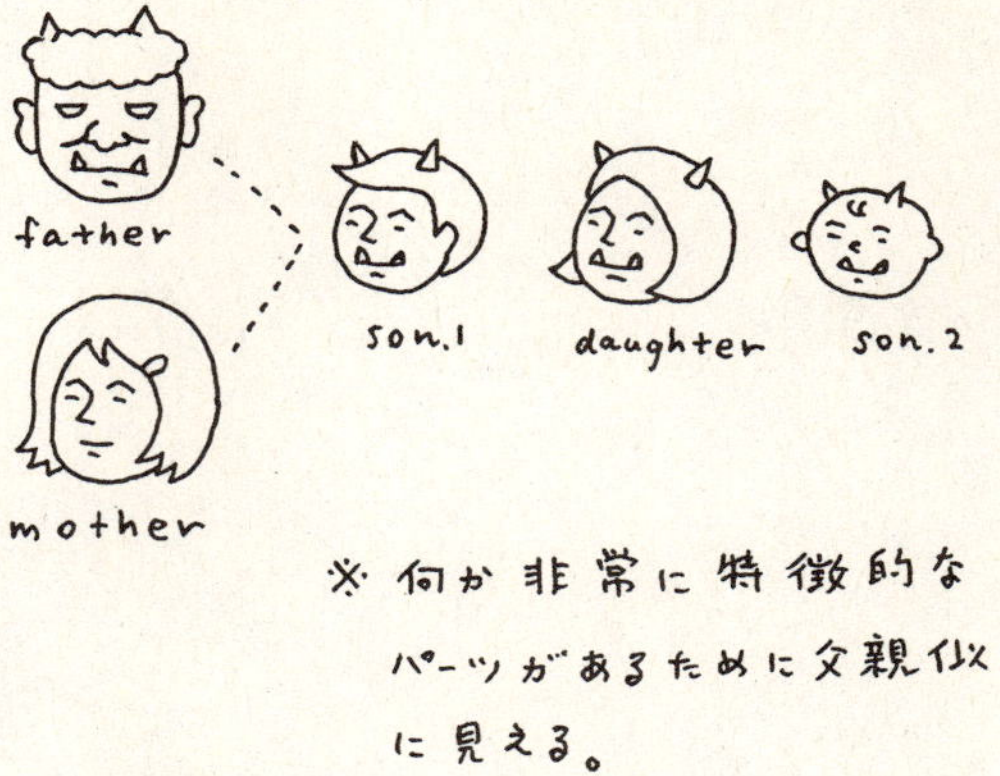

あっ、あるいはこういうことかもしれません。ダンナさんの家系には、何か非常に特徴的な顔のパーツがあって（鼻とか眉毛とか）、それが見事にすべての子に伝わっている。そのためにより父親に似ているように感じられる……？

しかしともあれ、ここで一ついいことをお教えしましょう。

子どもが父親によく似ているのは、とてもラッキーだということです。

男には、女にはない大きな心配事があります。我が子が本当に我が子なのか……。

そのために男は、我が子がどれほど自分に似ているかをとても気にしているのです。似ていない場合には無意識のうちに、かわいがり方や物質的な投資を手加減してしまう。いや、それどころか、ひどい場合には虐待にまで発展することがあるのです。父親に似ているかどうかは、時に命に関わる大問題なのです。

そういうわけでお宅の場合、家庭円満間違いなし。ご主人は子どもをよくかわいがる、大変いいお父さんではないでしょうか。

姑が嫁をいじめる遺伝子的メリット

Q　姑のことで困っています。以前は結構優しい人だったのですが、私に子が出来た頃から次第に態度がとげとげしくなり、今では（現在子どもは生後五カ月です）すっかり鬼の姑の状態です。もう耐えられそうにありません。孫が出来たら優しいおばあちゃんになってもいいはずなのに、姑の場合、逆です。どうしてこんなことになってしまったのでしょう？（二九歳、女）

A　嫁、姑の仲の悪さは永遠の課題、姑が嫁をいじめるのは姑根性と言ってしょうがないものです。諦めなさい……

　な〜んて冗談です。

　なぜ姑は古来、嫁をいじめ続けるのか。よほどの意味があるはずです。この際、その理由を考え、姑の魂胆というものを暴いてやろうじゃありませんか。

　姑が嫁をいじめる——それは、そうすることで姑によほどの利益（もちろん最終的には遺伝子のコピーがよく増えるという、遺伝子的利益です）が得られるからに他なりません。そうでないとしてどうして、こんなバカバカしい、何の生産性もない行為が、「ほら、あちらの家庭でも、あら、こちらの家庭でも」、と古来連綿と続けてこられましょうや？

嫁をいじめることの利益。それは具体的にどういうことなのでしょう。

ごく単純に考えればいいと思います。人をいじめるとどうなるか、強い立場にある人間（姑）が、弱い立場にある人間（嫁）をいじめるとどうなるかです。

おそらくその弱い立場にある人間（嫁）は、いじめに耐えられなくなり、しばしば逃げ出してしまうことでしょう。夫に助けを求めることもあるでしょうが、彼の立場はいじめの当事者である母親よりは弱い。こうして嫁はその恐怖の家から逃亡することになります。

しかし、ただ嫁が出ていっただけでは姑にとって何の利益にもなりません。彼女が逃げ出すまでに食べたり、飲んだりした分だけ損。実は姑にとってはこの、嫁が逃げ出すタイミングというものがポイントなのです。

逃げた嫁がそのとき子を身籠もっている、あるいは非常に幼い子を連れていたとします。そうして、実家へ子連れで帰る。するとその子の養育のための費用は、どうしても実家持ちということになるでしょう。こういうことにならざるをえないタイミングです。

現代の社会ではそうでもないでしょうが、かつての社会ならこういう場合、養育の費用を負担するのは、全面的に嫁の実家です。いや、現代の社会でも、何だかんだと言っても子を引き取った側の負担の方がはるかに大きいはずです。

このように私の考えによれば、姑による嫁いじめとは、タイミングよく嫁と子を追い出すことで子の養育費の節約をはかる、そういうきわめてケチな戦略だということになるのです！

　実際、結局嫁が逃げ出すとして、それまでの姑との葛藤の期間というものは、おそらく数カ月から数年というくらいでしょう。嫁にとってそれは、ちょうど子を身籠もっているか、非常に幼い子が一人いるというくらいのタイミングなのです。

　ともかくこうして姑は、嫁と子どもの追い出しに成功。息子には次なる嫁を迎えて……ということになります。彼女はおそらくまた同じ作戦を使い、嫁と子を追い出すことでしょう。この作戦は、「あの家のお姑さんは嫁をいじめて、子どもも追い出しているそうよ」と世間が気づき、息子に嫁の来手がなくなる、というほどには続けないことが肝心です。だから世間の姑というものは、二回目、三回目くらいの嫁になるとあまり激しくいじめなくなるはずです。そうプログラムされているはずなのです。

　私の推論にとって心強いのは、このいじめが、あなたのケースがそうであるように、たいていの場合、夫婦の結婚生活のごく初期の頃から始まるということです。

　新婚旅行から帰ってくるや否やとか、子が出来たり、生まれると同時に態度が一変したとかです。子が五歳や一〇歳になっていじめが始まった、なんて話は聞いたことがありません。それではちっとも養育費の節約にならないからでしょう。

　それにその頃には息子も、もはや立派なおじさん。嫁と子を追い出しても、次なる嫁の来手がないのかもしれません。

　昔はよくケンカしたけど、今は実の親子のように仲良し、なんていう嫁姑の例がありますす。いや、たいていの場合、嫁と姑は最終的に和解します。これはいったいどういう風の吹き回しでしょうか。

こういう美しい話こそが怪しい。

思うに、姑の嫁いじめの目的が嫁と幼な子の追い出しにあるのなら、です。姑としては子がある程度育った段階、どうもこの嫁は出て行きそうにないとわかった時点で、もはやその作戦はストップさせるべきでしょう。それはもはや無駄な労力。あるいは姑は本当に弱ってきていて、いじめどころではないかもしれません。

しかし、ただやめるだけでは芸がない。今度は一転して優しいお姑さんを演じ、これまでの非礼を態度として詫び、和解する。そしておそらく嫁に、自分とダンナ（つまり嫁にとっての義父ですね）の老後の面倒をみさせる。そういう戦略の切り換えなのではないかと思います。

世の嫁の皆さん、姑にはゆめゆめ油断なさりませんよう。もっとも、嫁もやがて姑となり、同じ歴史を繰り返すことになるわけです。後学のために姑には逆らわず、姑がどう振舞うかをよく観察しておくべきかもしれませんね。

おそらく嫁、姑は過去何千年、何万年の間、飽きもせず同じ歴史を繰り返してきた。嫁時代にはいじめられ、姑となってはいじめる側に廻る。それが個々の女にとって適応的なことなのでしょう。ああ、やはり永遠の課題。

とはいえ……、世の中には、嫁をいじめない姑というものもちゃんといます。こういう例をどう解釈したらよいでしょう。

私の解釈によれば、です。それはまずその家が、嫁と子を追い出し、子の養育費を節

ビシ
ビシ
バキッ
姑によるローキック
＝
ゆっくりと相手に
ダメージを与える。
姑によるカカトオトシ
＝
弱ったところで
トドメをさす。

約しなくてもいいほどにリッチである場合です。これはもう説明の必要はないでしょう。

そしてこういう場合にも姑は嫁をいじめないはずです。

息子がカッコよくてハンサムでモテモテ、彼の遺伝子を取り入れたいと志願する女がわんさといる。

息子は、規定外のルートで大繁殖している。姑としては、嫁と子をわざわざ追い出し、新たな嫁を迎える、なんていうややこしいことをして息子の繁殖の応援をする必要はないのです。

そんなわけで姑にいじめられている嫁の皆さん。

あなたの嫁ぎ先はリッチな家でしょうか？ダンナには十分な稼ぎがあるでしょうか？お姑さんをよく見て下さい。彼女はハンサムな息子を産みそうな女、つまり美人でしょうか？

ダンナさんを見て下さい。彼はハンサムでモ

離婚は遺伝する⁉

「離婚は遺伝する！」

関西在住の歌手、兼タレントで、豊富な人生経験で知られるＹ・Ｔ氏がテレビでこう言っていました。本当に離婚は遺伝するんでしょうか？　それに、できれば離婚はすべきではないのでしょうか。（関西在住、三三歳、男）

そうなんです。離婚は遺伝します。さすがはＴ！

もちろん、離婚という現象が、顔や体の特徴と同じように親から子へと遺伝する、と私は言っているわけではありません。おそらく彼もそう。

彼の場合、その豊富な情報量から、どうも親が離婚していると子もよく離婚するようだ。ははあ、離婚は〝遺伝〟するんだ、というくらいの軽い意味でしょう。

私の場合はこうです。

親が離婚している場合、子も離婚しやすい傾向にある。ははあ、人間には、一生を通じて同じ相手とだけ繁殖する（少なくとも表面上は）という繁殖戦略もあるけど、離婚して相手を変える。そしてまた子をつくるという戦略もあるんだ。離婚は結婚の失敗じゃなくてそういう繁殖戦略。そのための遺伝的プログラムがあって、それが遺伝するんだ（断っておきますが、遺伝すなわち絶対そうなるということではありません）。離婚の原因は、異性問題であったり、相手に愛想が尽きた、博打癖、借金癖、変な癖と様々でしょう。しかしそれらは、離婚して別の相手と子をつくるという繁殖戦略の一部、つまり離婚するための動機や口実、お互いをそうならざるをえなくするための手段にすぎないのです。この真相に本人たちが気づいている様子はありません。

そういうわけなのです。ある人が少々浮気っぽいからといって、博打癖や借金癖、変な癖があるからといって、その人間を軽蔑すべきではない!?

自分が離婚したとき、あるいは誰かが離婚したとき、「結婚に失敗した」などと表現するのもやめるべきです。離婚は新たな繁殖に向けての門出。大いに祝福してあげましょう。

離婚して相手を変えて繁殖する——。はたしてどんな良いことがあるのでしょう。

まず、何と言っても子に、いや子が持っている遺伝子に、ヴァリエーションをつけられるという点にあります。このヴァリエーションという問題は、とても大切です。同じ相手と二人子を生すことより、違う相手と二人子を生す方がいいことはもちろんですが、もしかしたらそれは、同じ相手と四人子を生すことさえも上回っているのではないか、と私などは思うくらいです。

なぜ子にヴァリエーションがついているといいか。それは、これもまた何と言ってもなのですが、寄生者（パラサイト）対策が強化されるからなのです。

寄生者（パラサイト）というのは、細菌、ウイルス、寄生虫のように自分自身では生きていくことが

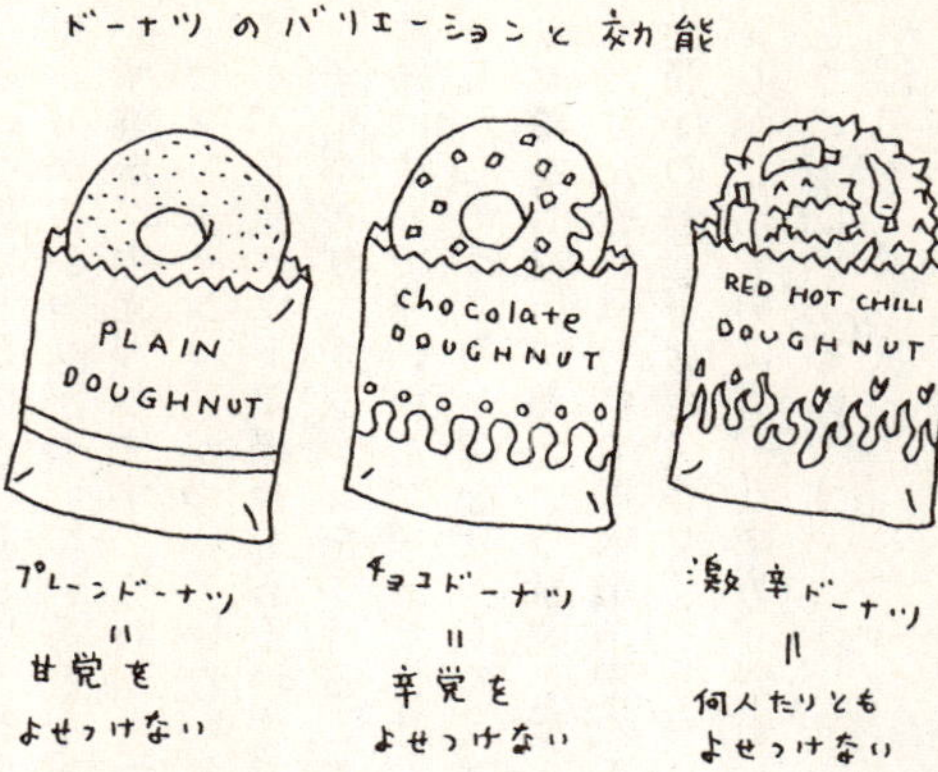

できず、他者に寄生して生きていく生物のことです。取り敢えず、病原体とでもお考えいただければいいでしょう。

寄生者（パラサイト）対策がそんなに大切かとお考えになるかもしれませんが、これが大切も大切。そもそも生物の進化の歴史は、寄生者（パラサイト）対策の歴史、あるいは私は寄生者（パラサイト）に強いんですよ、ということを異性に示し続けてきた歴史、と言ってもいいくらいなのです。

我々は今日、寄生者（パラサイト）の恐ろしさをすっかり忘れてしまっています。しかし、つい最近まで寄生者（パラサイト）は身近な大問題でした。結核、回虫、ぎょう虫のような腸管寄生虫、住血吸虫、さらに時代を遡ればコレラ、天然痘、ペスト、マラリア……。アフリカなどの熱帯地方では、寄生者（パラサイト）は依然として深刻な問題です（我が国では結核が再び勢いを盛り返してきており、熱帯地方のマラリアは最近悪性化してきています）。昨日まで元気だった人が、突如明日亡くなるということだってあるでしょう。

子にヴァリエーションがついていると、この点で大変有利です。ある子はAという寄生者（パラサイト）に強いが、別の子はBという寄生者（パラサイト）に強い、また別の子はCに強い、というふうにヴァリエーションがついているとします。そうするとA、B、Cどれがやってきても、必ず誰かが生き残ります。もちろん死んでしまう子もいるわけですが、誰かが生き残る。ヴァリエーションがついていないと、こうはいきません。全員セーフの場合もありますが、全員アウトの場合もあるわけです。これが恐い。

子にヴァリエーションをつけることには、こんな重大な意味が含まれているのです。離婚は決して悪いことじゃありません。

しかしそうすると、なぜ多くの人は離婚せず、同じ相手と繁殖し続けるのか。今度は、なぜ離婚しないのかという疑問が湧き起こってきてしまいます。

たぶんそれはそれで意味があるのでしょう。離婚によるトラブルを経験しなくてすむ、世間体の悪さがない、等々。

しかし！　男にも、女にも、離婚せずに子にヴァリエーションをつけられる、とっておきの方法があるのです。

浮気――。

ダンナ以外の男の遺伝子をこっそり取り入れ、出来た子は何も知らないダンナに育てさせる……。ダンナのいる女と浮気し、出来た子は何も知らないダンナに育てさせる……。

実は、一夫一妻の婚姻形態とは、こういうふうにメス（女）が浮気し、出来た子をダンナを騙して育てさせる、そのためのシステムだというのが最近の動物行動学の見方なのです。

生物の世界は、まさに生き馬の目を抜く世界。少しでも生存に不利だったり、異性にモテなかったりするとたちまち子孫は先細り。そうならないためにはとにかく相手を選ぶこと、そして変えることなのです。

となると動物として、清く、正しく、完璧なる一夫一妻を守るなどということは考えられません。仮に本当にそうであったとしても、その清く、正しい性質は受け継がれにくい。それでは、子孫にヴァリエーションをつけにくく、異性にモテそうな子孫を得ることが難しいからです。

こうして一夫一妻は単なる口実。生まれた子の父親を、ほら、あなたですよ、と取り敢えず決める口実に過ぎないのではないか、ということになります。

もちろんたいていの場合、子の〝父親〟は本当にその子の父親です。でも、たまに違うことがある。しかし生物の世界ではこの、たまにということが重要。それは進化を起こさせるための原動力としては十分なのです。

離婚しなくても浮気によって子孫にヴァリエーションをつける、魅力のある子孫をつくることは可能です。

あっ、でも、浮気がバレたとき？　そのときにはやはり離婚ということになるのでしょうか。

女の子育ての深謀遠慮

私は子育てに疲れている主婦です。子どもは五歳（娘）と三歳（息子）。主人は子どもたちには無関心で、毎晩帰りが遅く、帰ってきても、風呂に入るとすぐ寝てしまいます。私にはとにかく自分の時間というものがありません。なぜ女ばかりが、こんな損な役回りを演じさせられるのでしょう。（二九歳、女）

何年か前のこと、担当編集者のM氏（男）とこんな会話を交わしたことがあります。

「家事や子育てを男女平等にせよ、なんてよく言うけど、竹内さんはどう思われます？」

「あっ、それはね。確かに、家事や子育ては凄く大変なことでストレスも溜まると思うけど、目に見えないところで絶対いいことがあると思う」

「そうそう、絶対ある」

「たとえば子どもをしつけるとか、社会のルールを教えるとかいうことで、『こういうときには、こうするもんだよ』とお母さんが子どもに教えるでしょ。でもそれは、無意識のうちに自分に都合のいいこと、特に、ダンナよりも自分に都合のいいことを教えていたりするんじゃないかな。子どもに何かを教えるというせっかくの機会を、女がまったくフェアに利用するとは思えないし……」

「そう！　だからもし、男女の役割の平等が実現したら、女は後から『しまった』と思うことになるかもしれないですよね」

私たちの会話はそれ以上発展することなく終わりました。とにかく、女は子育ての大半を担うわけだが、そのことで子どもを、ダンナよりも自分に都合のいいように操作できるはずだ、というのが我々の結論です。

実は、これとまったく同じというわけではないのですが、最近こんな研究が登場しました。

全世界の膨大な数の民話や昔話を検証する。そして他ならぬ物語によって女が子を操作している、ということを証明する。行なったのはカナダ、マクマスター大学のマーティン・デイリーとマーゴ・ウィルソンです。

そもそも民話や昔話、おとぎ話のように、人から人へと語り継がれる話。親が夜、子どもを寝かしつけるようなときに語って聞かせる話。それらは単に民族の文化として、人間の文化遺産として、代々語り継がれているものなのでしょうか。

そういう殊勝な目的のために毎晩毎晩、親が子に聞かせてやっているとはとても思えません。子のため、子を思ってという理由もあるでしょうが、それはメインではないでしょう。

その物語を語ることが、語り手にとっての利益となる。そして物語を聞いて育った子が親となったとき、かつて自分がされたように子に語って聞かせる。それがまた本人の利益となる――。そういう、語り手にとっての利益というステップを考えないと、わざわざ子に物語を語るなどという行動は進化しないはずなのです。もちろんそんな真相に、ほとんど誰も気づいてはいませんが。

しかしそう考えると、です。親孝行をするといいことがあるよ、孝行息子が得をした、なんていう話は簡単明瞭、語り手の意図がバレバレの例でしょう。

親に孝行せよ、親を大事にせよ。ということはつまり、自分に孝行せよ、自分を大切にせよ。

親孝行せよ、と言われて育った子もやがて親になる。そしてまた同じ話を子に語り、自分にとっての利益を得るのです。

では、正直者が得をする、などという話はどうでしょう。

ちょっと聞いた限りでは、親の利益とは関係ないように思われます。そもそも、それは道徳。しかしこの例には、こんなフェイントが掛かっているのです。

正直であれということは、基本的に誰に対しても正直であれということです。でも、小さな子どもの世界を考えてみて下さい。彼らがそんなに広い交遊関係を持っているでしょうか。彼らを取り巻く人間とは、たいてい親か他のキョウダイです。

つまり、ここで言う正直であれとは、親に対して正直であれ、他のキョウダイに対して正直であれ、という意味なのです。さらに言うなら、自分だけの秘密を持って親を欺くな、他のキョウダイを出し抜くな……。

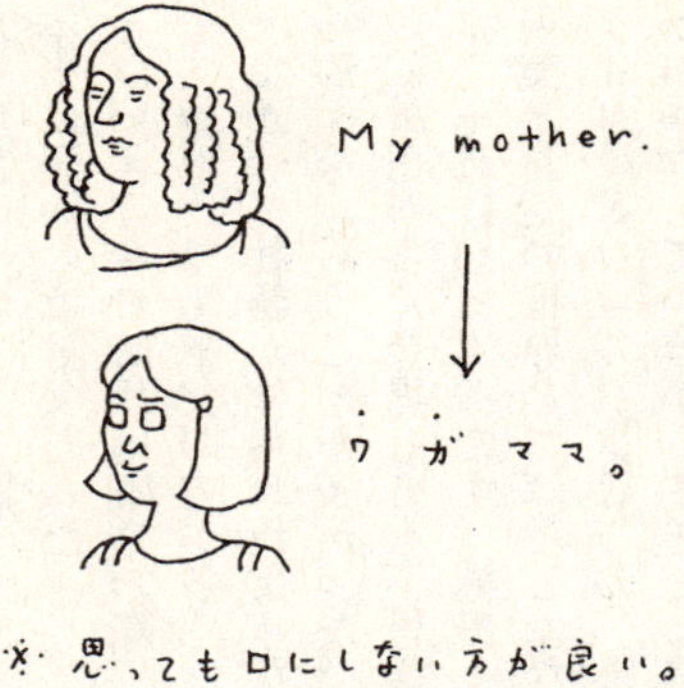

My mother.
ワガママ。
※思っても口にしない方が良い。

親は一見、我が子が将来社会の一員としてうまくやっていけるよう、道徳教育を施しているようなふりをします。しかしその本当の目的は、子を操作することにあるわけです。もちろんそこまでわかって実行している親などいませんが。

さて、前置きが長くなりました。民話や昔話とは、親が子を操作するために存在すると言っても過言ではないのです。デイリーとウィルソンが画期的なのは、操作が存在するという確かな証拠を見つけたこと、操作が父母どちらによるものかをはっきりさせたことです。

彼らが注目したのは「シンデレラ」に代表される物語。継母がいかに意地悪で恐ろしい存在であるかを、これでもかこれでもかと強調するお話の数々です。しかも、恐い継母の話はいくらでもあるのに、恐い継父の話は皆無といってもいいくらいにないという不思議な現象……。

継母とは、そんなにも恐ろしい存在でしょうか？　継父とは恐ろしくない存在なのでしょうか？　彼らは現実の世界に目を向けます。継母による子の虐待と継父によるそれとでは、どちらが多いのか。

一九八〇年代のカナダとイギリスにおける調査によると、いずれの場合も、継父に子どもが殺されるケースは、継母によるそれの、驚くなかれ、数十倍にも達していました。単なる虐待についても、同じ傾向です。

本当に恐いのは継父だった！

とはいえ、今の時代は離婚の際、小さい子どもは母親に付いていくことが多く、結果として継母よりも継父の方が多くなる。だから継父による虐待の件数も多くて当然です。そしてかつて物語が作られたような時代には、女は出産の際などに死ぬことが多く、男が後添えをもらうことが多かった。だから継母というケースは今よりずっと多かった。物語に継母が多く登場しても不思議はありません。

……それにしても、です。継母一辺倒というのはおかしいじゃありませんか。どうして現実とお話の世界とでは、こんなにも「話」が違うのか？

デイリー＆ウィルソンはこの、事実とは大きく違うということがポイント。それは何者かが操作しているからこそだと言います。そして、こういう物語を語るのは普通誰かと言えば……。

つまり母親（実の母親）は、継母の恐ろしさを嫌というほど子どもに吹き込んでいるわけです。実際にはそうでもないのに。

もしお前たちが私を蔑ろにして、それが元で私が死ぬようなことがあったとしよう。

夫婦ゲンカのときに、お前たちがお父さんの側についたりして離婚することになったとしよう。いいかい。そうするとだね、新しいお母さんがやってくるんだよ。わかってるだろうね。継母ってのは目茶苦茶恐いんだから。

子どもを寝かしつけるためにお話をするという役割を男に譲ったりしたら……彼らは「恐ろしい継父」の話を創作し始めるに違いありません。

あとがき

十年以上もの間、書き下ろしの仕事のみをしてきました。

なぜ「書き下ろし」しか書かなかったのか。

一つは健康上の問題です。連載や単発の仕事に対応するには、常にある程度の健康を保つことができなくてはなりません。しかし何分私には、その安定した健康というものがなかった。締め切りのない、書き下ろしという選択肢しかあり得なかったのです。

「書き下ろし」に専念したもう一つの理由。それは動物行動学の考え方と研究について、一刻も早く皆さんにお伝えしたかったから……と言うとちょっとキザですが、でもこれが本当です！

どの本にも一応、テーマというものがあります。

初期の頃の物は、動物行動学の基本的な考え方、有名な研究、古典的な研究を紹介すること。中期の物はそれを遡る何年間か、動物行動学の世界を席捲した研究について。そして後期の物は、書く直前か、書くのとほぼリアルタイムで進行した研究についてです。

これらの仕事は、私がもし他のものと並行してやっていたなら、こんなにも早く皆さんにお届けすることはできなかったでしょう。

こうして十年余り走り続けました。二〇〇〇年一月には、『シンメトリーな男』（新潮社。〇二年に新潮文庫）を世に出すことができた。行動学の考え方もだいたい紹介し終えたし、研究の最々先端にも追いつくことができたのです。しかしそうすると、困った問題が発生してしまいました。

この先どうしたらいいか。現在進行中の研究が一冊の本が書けるほどにまとまるまで待つか、それとも新しい研究をどんどん紹介していくのか……。

困った……。本当に、困り果ててしまったのです。

そんなとき、旧知の方から本を贈呈されました。

それは全編Ｑ＆Ａ形式からなるスコッチ・ウイスキーの本なのですが、意外なことにその中身の深いこと、疑問の解かれ方の明解なこと。

そうだ！　Ｑ＆Ａの本。Ｑ＆Ａで人々の疑問や悩みに答える。しかも動物行動学という、普通の人々にはあまり馴染みのない観点から答える。最新の研究については、その時々に紹介していけばいいんだ。

もちろん書き下ろしとはいかず、連載ということになるだろうけれど、幸いにも体力は安定してきている……。そうだ、Ｑ＆Ａで行こう！

このひらめきには実は伏線があり、その一年ほど前にこんな出来事があったのです。

ある放送作家の方（女性です）がエッセーの中で、自分はなかなか子が出来なくて悩んでいるのだけれど、知人が竹内久美子さんの本を読んで、子どもをつくるにはダンナに嫉妬させるべしとか、旅行に出かけろだとか、いろいろアドヴァイスをくれた、というようなことを書いておられたのです。

ああ、もっと教えてあげたい！

まだ七〜八項目はあるというのに……。

しかし……彼女の不妊が深刻なものだったとしたら、どうだろう。こんなふうにアドヴァイスされるのは、ただ不愉快なだけではないだろうか。

私は悩みました。けれど、そこは賭けに出ることにした。文面に気を使い、手紙をしたためました。不妊の処方と、なぜそういう処方なのかという動物行動学的説明をつけて。

結果は大成功。もう手放しで喜んでいただけたのです。

案じた通り、彼女の不妊は深刻なものでした。私の処方など、何の効果もないというくらいのもの。にも拘らず、喜んでもらうことができたのです。それは、思いもよらぬ角度から物を言われ、我に返った、こんなに気持ちが救われたことは初めてだ、というような様子でした。私が、何かしら手応えのようなものを感じたことは確かです。

――ともかく、そんなこんなで本書の企画が出来上がったという次第です。「書き下ろし」しか書かなかった私が、なぜ突然連載を始めたかと不思議に思われた方もあるかもしれません。それにはこういう経緯があるのです。

この本は、「週刊文春」誌上における二〇〇〇年一〇月からの連載をテーマ別に再構成したものです。

実を言うと、初め私は、読者からどんな質問が来るだろうか、と戦々恐々としていた。もし、「夫が会社の若いコと浮気しているが、別れた方がいいのか」とか「二人の男性から求婚されて困っている」とかいう人生相談的なものばかりだったら……。

幸い、皆さんすぐさまこのコーナーのノリを理解し、絶妙の質問が飛び込んで来るようになりました。

「女が好きなタレントはとびきりのハンサムとか美少年なのに、男はなぜ『モー娘。』のような普通っぽいタレントが好きなのか」

「もし自分のクローンが出来たら、彼(彼女)はどんな人生を歩むことになるのか」

「男のペニスにはまっすぐなのと曲がっているのがあるが、どちらが本当なのか」……etc。

こういう質問に答える過程で、私はこれまでなら見過ごしていたであろう分野の勉強をすることができました。我ながら凄いと思うグッド・アイディアを思いついたこともあります。

そんなわけで今や、読者からの質問は宝の山。皆さんに感謝することしきりなのです。

この本について、一つ確認を取っておきたいことがあります。

質問者の「なぜ」に対して私が答えているのは、たいていの場合、物事の究極的な理由。直接的であったり、最も近い理由ではないということです。

たとえば、「親はなぜ子をガミガミ叱るのか」という問いに対し、「子育てに疲れているからだ」とか、「会社で嫌なことがあってイライラしているからだ」という答えがありえるでしょう。確かにそれらは一つの答えですが、直接的で最も近い理由としての説明なのです。

「親はなぜ子をガミガミ叱るのか」

私なら、こう答えます。

「結局は子に嫌われるため。子が、『こんな家にいたくない、早く自由になりたい（家出したい）』と感じるようにさせ、早々と自立させてしまうためではないか。もちろんそんなことを親は意識していないけれど」

子をガミガミ叱ることによって最終的にはどうなるかと考える。すると、答えはこうなるのです。子育てに疲れて、というのは子を叱るという行動のきっかけにすぎないでしょう。

連載にあたっては「週刊文春」編集部の彭理恵氏、大沼貴之氏、出版にあたっては第二出版局の渡辺庸三氏、同局長、平尾隆弘氏らに貴重なアドヴァイス、感想の数々をいただきました。アート・ディレクターの寄藤文平氏には、いつもあっと驚く視点からのイラスト、そして素敵な装幀をいただきました。

本書の完成のためにお世話になったすべての方に感謝いたします。

二〇〇一年八月

竹内久美子

解説

鈴木光司

大学時代、哲学科のゼミに入って勉強していた時期がある。担当教授の沢田允茂先生は論理学や科学哲学が専門で、公私にわたってものすごくお世話になった。時間があれば葉山にあるお宅までバイクを飛ばし、家に上がり込んでただ酒ただ飯にありつき、結婚の折には仲人までしていただいた。まさに恩師である。さて、その沢田先生は、京都大学の日髙敏隆先生と親交があり、おかげで学術誌に発表された日髙先生の論文は学生の頃から拝読させてもらっていた。

竹内久美子さんは、京都大学で日髙敏隆研究室で学んでこられ、恩師の人となりは本書の中でもしっかり語ってらっしゃる。年齢もぼくとほぼ同じ。こういう関係を何というのだろう。竹内さんの恩師と、ぼくの恩師が友人同士。この関係を表す名称はないけれど、なんとなく親近感が湧くのは当然だろう。

さて、フランス文学専攻にもかかわらず、なぜ哲学科のゼミに入っていたかといえば、当時、大きな悩みが頭の大部分を占めていたからだ。

「人間に意志の自由はあるのか」

人間の人生は、生まれ落ちたときの環境と、親から与えられたＤＮＡでほとんど決まり、意志の自由を発揮するチャンスはあまりないのではないか……、ともすれば虚無感に陥りそうなほど、この問題提起は重くのしかかってきた。動物行動学や分子生物学に興味を持ったのは、すべてこの問いの答えをさがすためであった。

人間は生まれる瞬間、環境とDNAを選ぶことができず、この受動性を一生引きずることになる。さらに猿の社会を客観的に観察すれば明らかな通り、人間の行動には最初から型のようなものがある。言語における文法は、人間による発明などではなく、形式が先に与えられたと見るべきだろう。人間の認識能力を分析し、動物の行動を調べることによって明らかになるのは、動物の行動や認識には生まれつきある「枠組み」が与えられているということだ。オスかメスかによっても枠組みは異なる。さらに、ひとりひとりの人間が固有に持つ遺伝情報によってもっと細かく規定される。

考えれば考えるほど、意志の自由は否定されるほうに向かっていった。完全にないとは言い切れない。でもほとんどないのではないか……。

こうなると普通は、ニヒリズムに陥るはずであるが、ぼくは違った。完全に開き直った、というより覚悟を決めたのである。

人間は性別、遺伝子、環境によって細かく規定されてしまっているということをまず認め、その上で、もしほんのわずかでも自由意志を発揮できるチャンスがやってきたら、逃さずにその瞬間を摑むべきだと、徹底したポジティブ思考に転身を図ることにしたのだ。

AかBかの選択を行うときに、自分以外の何ものにも流されないよう、最善の努力を心掛けるのはそのためである。ただでさえ少ない意志の自由を放棄してなるものか、という心意気。

自分の心に尋ね、自分が何をしたいのかを探り当てたら、わき目も振らず目的に向かって邁進する。選択に、自分の心以外の要素が作用していないかどうか検証し、もしあればすかさずそれを排除する。

例をひとつ挙げよう。

店先でAを買おうかBを買おうかで迷ったとしよう。店員が「みなさんAのほうを買ってらっしゃいます」などと言おうものなら、まずこの情報はシャットアウトされる。周囲の好みや意志によって、自分の行動が決定されたくはない。「自分は何を欲しているのか」と純粋に心に問い、その求めに応じて行動する。生まれてから一度も就職したことはないけれど、もしサラリーマンになっていたとしても、無駄な残業は絶対にやらなかったという自信がある。やるべき仕事を終え、帰りたければさっさと帰る。人の視線は一切に気にしない。

でも、これを徹底させると、特に日本の場合、周りから「傲慢な奴」「自分勝手な奴」と見られがちである。だから、行動には厳しい条件がつく。周囲の人を嫌な気分にさせたり、見下したりしないよう、精一杯努めなければならない。つまり自由を堪能しながら、「最高にいい奴」であり続けるのが大事。ようするにこれ、孔子のいうところの、「心の欲するところにしたがいて矩を踰えず」の境地と同じである。

だから、ぼくの目には、「おれB型だからよお」などとうそぶいて気紛れなマイペースを貫き、周囲に迷惑ばかりかけている人は、カッコウに托卵される鳥以上にアホと映る。「オスだから浮気するのは当たり前」とばかり周囲の人間が悲しむのも構わずに複数の女性を囲ってきた昔の男も、似たようなもの。マイペースを貫くのも浮気するのも大いに結構である。しかし、生来与えられた性向に寄り添い、「やって当然だろう」と開き直っては、ただの傲慢になる。もし浮気をしたいのなら、竹内久美子さんの本を何気なく妻に読ませ、男は生来浮気な動物であることを徐々に信じ込ませるぐらいの努力と健気さが必要だ。(ちなみにぼくの場合、こんな作戦を取るまでもなかった。妻の書棚をこっそり覗いたら、竹内久美子さんの本が既に何冊か並んでいた。しめしめである)

とにかく、勝手気ままと自由を勝ち取るのとは訳が違うと心得た上で、突き進むほかない。

この道一筋に励んできたため、現在のぼくは、「おれほどいい奴は見たことがない」と人前で平然と言えるほど、図々しくなってしまった。悩みなんてとっくに吹き飛んでいる。人間にできることなどそれほど多くはない。だからこそ、自分に与えられた範囲で、常に最善を尽くそうと思う。

意志の自由がないことに絶望するところから出発して、今のぼくはもの凄い自由を得た。大きな収穫である。

これというのも、沢田允茂先生始め、日髙敏隆先生、竹内久美子さんのおかげである。動物行動学を勝手に、自分流に理解して、自己のキャラクター形成に役立ててきたのだから脳天気なことこの上ない。これ、正しい竹内久美子の読み方なのではないかと自負するところがある。

間違った読み方とは、たとえば、

「動物にとってアグレッション（攻撃性）は生得的なものである」

と述べる動物行動学者に向かって、

「じゃあ、あなたは戦争を正当化するのですね」

などと詰め寄ることである。さきほどの例と同様、「攻撃性は人間の本能なんだから、おれどんどん攻撃するもんね」などとうそぶいて侵略しまくっている奴は、いうまでもなく相当なアホである。目をつぶることなく自分の本性を見つめ、攻撃性の芽を感じ取るや、これを意志の力によって制御する方向に持っていくべきだ。


ま、とにかく、竹内久美子さんの本を自分にどう役立てるか、それはもう読む人の自由である。なにしろ読んでいて楽しい。動物の本性に関して気づかされることが多く、ときに腹を抱えて笑う。ぼくは読者を笑わせることができる書き手はまちがいなく才能があると睨んでいるのだが、竹内さんはどこでこのコツを摑んだのかと不思議でならない。おそらく天性のものだろう。書き言葉で人を笑わせるのは、本当に難しい。悲しませたり、泣かせたり、暗く重苦しい気分にさせるほうがずっと簡単なのである。暗いことをつらつら書き連ねるだけで、ユーモアも躍動感もない小説なんてつまらないだけだ。

さて、本書は、読者からの質問に竹内さんが答えるという形式で、「週刊文春」に連載されたものだ。

実を言うと、ぼくは以前から竹内さんに質問したいことがあった。この機会を借りて、最後にひとつ質問をさせてもらえないだろうか。

「ドーキンスの著作を実際に読んだことはありませんが、竹内さんは『そんなバカな！』始め多くの著書の中で彼の説に触れています。いわゆる〝人は自分の遺伝子を残すためなら死ねる〟というやつです。妻に代わって子育てをしてきた経験からすると、どうもこれには納得できないのです。たとえば、出産した病院の手違いで、赤ん坊が取り替えられ、自分の遺伝子をまったく受け継がない子どもを、カッコウに托卵された鳥のごとく、愛情たっぷりに育ててきたとします。子どもが十歳のときにそれが判明して選択を迫られた。実子を取るか、育ての子を取るか。ぼくは子育てをしながら何度もこんなシミュレーションをしました。自分ならどうするだろう。遺伝子を優先させるか、子どもと密に接して育まれた愛情を優先するか……。ぼくの場合、答えは明らかです。たとえ血は繋がっていなくても、世話したり、頼られたりすることによって築かれた絆を優先します。遠くにいた実子のためには死ねないけれど、一生懸命に育ててきた他人の子のためには死ねるとしか思えないのです。これは動物として異常なのでしょうか？」

（作家）

本文イラスト・デザイン　寄藤文平
初出　「週刊文春」二〇〇〇年十月十二日号〜二〇〇一年十月十八日号
単行本　二〇〇一年十月　文藝春秋刊
『「私が、答えます」動物行動学でギモン解決！』
を改題したものです。

文春文庫

遺伝子が解く！　男の指のひみつ

定価はカバーに表示してあります

「私が、答えます」1

2004年7月10日　第1刷

著　者　竹内久美子

発行者　庄野音比古

発行所　株式会社 文藝春秋

東京都千代田区紀尾井町 3-23　〒102-8008

TEL　03・3265・1211

文藝春秋ホームページ　http://www.bunshun.co.jp

文春ウェブ文庫　http://www.bunshunplaza.com

落丁、乱丁本は、お手数ですが小社営業部宛お送り下さい。送料小社負担でお取替致します。

印刷・凸版印刷　製本・加藤製本

Printed in Japan

ISBN4-16-727008-0

（　）内は解説者

竹内久美子
賭博と男と女

国家や階級を形成した原動力は〃賭博〃だった！ 好色な男は組織の指導者として最高？ 文化、階級社会、男と女の力関係の謎を遺伝子と行動学から解明した国家の進化論。（後藤正治）

た-33-2

竹内久美子
浮気人類進化論
きびしい社会といいかげんな社会

サルはなぜ人間に進化したか？ それは、言葉による男と女の駆け引き、騙し合い、「浮気」のせいだった。常識を覆す人間考察で話題を呼んだ竹内久美子の衝撃的デビュー作。（井上一馬）

た-33-3

竹内久美子
パラサイト日本人論
ウイルスがつくった日本のこころ

なぜ京都人はケチで恐妻家で、九州人は男尊女卑なのか？ 日本人の特性とルーツを解くカギは寄生者（パラサイト）にあった！ 動物行動学や人類学の先端研究から論じた〃日本人の起源〃。（竹内靖雄）

た-33-4

日高敏隆・竹内久美子
もっとウソを！
男と女と科学の悦楽

オルガスムスと妊娠の関係は？ 人間のペニスはなぜあんな形なの？ 京大動物行動学の師弟コンビが縦横無尽に語り合った知のエンターテインメント。科学とはウソをつくことである！

た-33-5

竹内久美子
浮気で産みたい女たち
新展開！ 浮気人類進化論

女の浮気を社会は厳しく咎める。だけど本当は、女は浮気で産みたいのだ！ 女の浮気心を動物行動学の最新研究から分析、女性には納得を、男性には恐怖を与える驚愕の書！（石田純一）

た-33-6

竹中文良
医者が癌にかかったとき

大腸癌で手術を受ける側に立たされた日赤病院の現役外科部長が、自らの患者体験と、それをふまえて医のあり方、癌告知の是非、死の問題を考えて綴った感動のエッセイ集。（保阪正康）

た-35-1

文春文庫　最新刊

- 以下、無用のことながら　司馬遼太郎
- 水郷から来た女　御宿かわせみ3〈新装版〉　平岩弓枝
- 暗闇一心斎　高橋三千綱
- 朱なる十字架〈新装版〉　永井路子
- 新選組風雲録　戊辰篇　広瀬仁紀（よしのり）
- 悪いうさぎ　若竹七海
- 龍時（リュウジ）01—02　野沢　尚
- ヒヨコの猫またぎ　群ようこ
- 屁タレどもよ！　中村うさぎ
- シドニー！　コアラ純情篇　村上春樹
- シドニー！　ワラビー熱血篇　村上春樹
- 遺伝子が解く！　男の指のひみつ　「私が、答えます」1　竹内久美子
- とらちゃん的日常　中島らも
- 母のキャラメル　'01年版ベスト・エッセイ集　日本エッセイスト・クラブ編
- おいしい人間　高峰秀子
- 蹴球戦争（フットボール・ウォー）　馳星周的W杯観戦記　馳　星周
- 鬼平犯科帳の人生論　里中哲彦
- 「延長十八回」終わらず　伝説の決勝戦「三沢VS松山商」ナインたちの二十五年　田澤拓也
- こんな凄い奴がいた　技あり、スポーツ界の寵児（ちょうじ）たち　長田渚左
- 万華鏡の迷宮　J・ロバート・ジェインズ　石田善彦訳
- ガルボ、笑う　エリザベス・ヘイ　柴田京子訳
- ザ・スタンド Ⅳ　スティーヴン・キング　深町眞理子訳